安徽现代农业职业教育集团
服务“三农”系列丛书

Yangji Shiyong Jishu

养鸡实用技术

主编　王立新
编者　黄志毅

图书在版编目(CIP)数据

养鸡实用技术/王立新主编. —合肥:
安徽大学出版社,2014.1
(安徽现代农业职业教育集团服务“三农”系列丛书)
ISBN 978-7-5664-0681-1

Ⅰ. ①养… Ⅱ. ①王… Ⅲ. ①鸡—饲养管理 Ⅳ. ①S831.4

中国版本图书馆 CIP 数据核字(2013)第 302073 号

养鸡实用技术　　王立新　主编

出版发行:北京师范大学出版集团
安 徽 大 学 出 版 社
(安徽省合肥市肥西路 3 号 邮编 230039)
www.bnupg.com.cn
www.ahupress.com.cn
印　　刷:中国科学技术大学印刷厂
经　　销:全国新华书店
开　　本:148mm×210mm
印　　张:5.25
字　　数:146 千字
版　　次:2014 年 1 月第 1 版
印　　次:2014 年 1 月第 1 次印刷
定　　价:12.00 元
ISBN 978-7-5664-0681-1

策划编辑:李　梅　武溪溪　　装帧设计:李　军
责任编辑:蒋　芳　武溪溪　　美术编辑:李　军
责任校对:程中业　　责任印制:赵明炎

序

解决“三农”问题，是农业现代化乃至工业化、信息化、城镇化建设中的重大课题。实现农业现代化，核心是加强农业职业教育，培养新型农民。当前，存在着农民“想致富缺技术，想学知识缺门路”的状况。为改变这个状况，现代农业职业教育必然要承载起重大的历史使命，着力加强农业科学技术的传播，努力完成培养农业科技人才这个长期的任务。农业科技图书是农业科技最广博、最直接、最有效的载体和媒介，是当前开展“农家书屋”建设的重要组成部分，是帮助农民致富和学习农业生产、经营、管理知识的有效手段。

安徽现代农业职业教育集团组建于2012年，由本科高校、高职院校、县(区)中等职业学校和农业企业、农业合作社等59家理事单位组成。在理事长单位安徽科技学院的牵头组织下，集团成员牢记使命，充分发掘自身在人才、技术、信息等方面的优势，以市场为导向、以资源为基础、以科技为支撑、以推广技术为手段，组织编写了这套服务“三农”系列丛书，全方位服务安徽“三农”发展。本套丛书是落实安徽现代农业职教育教集团服务“三农”、建设美好乡村的重要实践。丛书的编写更是凝聚了集体智慧和力量。承担丛书编写工作的专家，均来自集团成员单位内教学、科研、技术推广一线，具有丰富的农业科技知识和长期指导农业生产实践的经验。

丛书首批共22册，涵盖了农民群众最关心、最需要、最实用的各类农业科技知识。我们殚精竭虑，以新理念、新技术、新政策、新内容，以及丰富的内容、生动的案例、通俗的语言、新颖的编排，为广大农民奉献了一套易懂好用、图文并茂、特色鲜明的知识丛书。

深信本套丛书必将为普及现代农业科技、指导农民解决实际问题、促进农民持续增收、加快新农村建设步伐发挥重要作用，将是奉献给广大农民的科技大餐和精神盛宴，也是推进安徽省农业全面转型和实现农业现代化的加速器和助推器。

当然，这只是一个开端，探索和努力还将继续。

安徽现代农业职业教育集团

2013年11月

前 言

随着市场经济的发展,养鸡业市场竞争的加剧日趋明显,提高养鸡的生产效率、降低生产成本、生产优质的鸡肉及鸡蛋产品成为广大养鸡生产者的最大追求。因此,有必要更好地理解有关鸡的品种、营养及相关科学饲养方面的知识。当前我国的养鸡业已进入全新的生产时期,由过去传统的小规模分散养殖模式逐步向规模化、集约化养殖模式方向发展。但由于我国养殖业发展的不平衡性,在大城市及经济发达地区规模化、集约化养殖模式迅速发展,而我国大部分地区的养殖业仍处于传统的小规模养殖模式向规模化、集约化养殖模式的过渡阶段。在此背景下,为普及科学的肉鸡、蛋鸡生产技术,改进传统养鸡方式和方法,加快促进养鸡业由传统生产方式向现代生产方式转化的步伐,我们查阅了大量国内外有关鸡品种、肉鸡养殖、蛋鸡养殖及疾病预防与治疗等方面的文献,结合编者长期从事养鸡生产技术指导的工作经验,组织编写了本书。

本书共分七章,主要介绍鸡养殖的相关知识和应用技术。第一章介绍了鸡的主要品种,从国际标准品种、现代配套系列到我国地方优良品种等做了较为详细的介绍;第二章介绍了鸡的饲料与饲料配方设计技术,从鸡的营养需要、饲料种类、日粮配制与设计等方面进行了详细的说明；第三章介绍了鸡的孵化技术，重点介绍了胚胎发育、种蛋管理、孵化条件与孵化管理技术及孵化效果的分析等；第四章介绍了雏鸡的饲养管理技术，包括雏鸡的生理特点、育雏前的准备工作和饲养管理技术；第五章介绍了蛋鸡的生产技术，重点介绍了育成期的饲养管理技术及产蛋期的日常管理与季节管理；第六章介绍了肉鸡生产技术，说明了什么是现代肉鸡业及肉鸡的具体饲养管理技术，尤其较为详细地介绍了肉用仔鸡标准化饲养管理技术以及肉用种鸡的生产技术；第七章介绍了鸡的免疫程序与常见病的防治。

本书内容浅显、语言通俗易懂、实用性和可操作性强，可作为养鸡场、养殖小区技术人员和生产管理人员的参考书。

本书在编写过程中参考了专家、学者们的相关文献资料，在此对相关作者表示感谢。由于编者水平有限，书中难免有不足和疏漏之处，敬请广大读者和同仁批评指正。

编者

2013年10月

目　录

第一章
鸡的品种

在国际上，由美洲家禽协会编写的《美洲家禽标准品种志》和英国大不列颠家禽协会编写的《大不列颠家禽标准品种志》收录了世界各地家禽主要的标准品种，被国际家禽界广泛认可。1998 年最新版的《美洲家禽标准品种志》一书，编入的品种被承认为标准品种，其中鸡有 104 个品种、384 个品变种，鸭有 14 个品种、31 个品变种，鹅有 11 个品种、15 个品变种，火鸡有 1 个品种、8 个品变种，总计 130 个品种、438 个品变种。

我国幅员广阔，养禽历史悠久，家禽遗传资源十分丰富，形成了不少地方家禽品种。经 1979－1982 年全国性品种资源调查，编写出《中国家禽品种志》，共收入地方家禽品种 52 个。其中鸡品种 27 个，分为蛋用型、兼用型、肉用型、观赏型、药用型和其他 6 种类型。此外，还有大量地方品种陆续收入各地编撰的地方家禽品种。

这些丰富的家禽品种资源作为珍贵的基因库，为家禽现代育种提供了可靠的物质基础。

一、鸡的标准品种

1.单冠白色来航鸡

单冠白色来航鸡原产于意大利，为著名的蛋用型鸡种，是培育商品蛋鸡系的主要品种之一。

来航鸡体型小而清秀，全身羽毛白色而紧贴，单冠且鲜红膨大，喙、胫和皮肤均为黄色，耳叶为白色。一般无就巢性，适应性强。但富神经质，非常敏感，易受惊吓。

该品种的特点是成熟早，产蛋量高而饲料消耗少。5 月龄时可达性成熟，一般为 5～5.5 月龄开产，年产蛋 200～250 枚，高产的可达 300 枚，平均蛋重 54～60 克。体重较轻，成年公鸡体重 2～2.5 千克，母鸡 1.75～2 千克。

2.科尼什鸡

科尼什鸡原产于英格兰的康瓦尔，现有科尼什鸡分白色羽和有色羽两种。白色羽为显性白羽，是典型快速肉用型鸡，在配套系中作父系使用，为著名的肉用型鸡种。此鸡为豆冠，喙、胫和皮肤均为黄色，羽毛紧密为显性白色，用它与有色母鸡杂交，后代均为白色或近似白色，该鸡体大、体躯坚实，肩、胸很宽，胸肌、腿肌发达，腿部粗壮。生长快，以肉用性能好而著称。成年公鸡体重 4.5～5.0 千克，母鸡 3.5～4.0 千克，但产蛋量较少，年产蛋 120 枚左右，蛋重 54～57 克，蛋壳浅褐色。近年因引进白来航鸡的显性白羽基因，育成为肉鸡显性白羽父系，已不完全为豆冠。显性白羽父系与有色羽母鸡杂交，后代均为白色或近似白色。目前，该品种一般均用作生产肉用仔鸡的父系，主要是用它与母系白洛克品种配套生产肉用仔鸡。

3.白洛克鸡

白洛克鸡为洛克鸡的一个品变种。原产于美国，1888 年在《美国家禽标准》中被列作品种。洛克鸡按羽毛颜色有芦花、白色、黄色、鹧鸪色等 7 个品变种，其中以芦花与白色最为普遍。单冠，耳垂红色，喙、脚、皮肤均为黄色。该鸡种具有体型大、生长快、易育肥、产蛋较多等特点，成年公鸡体重 4～4.5 千克，母鸡 3～3.5 千克。年产蛋

量 150～160 枚，高产品系达 200 枚以上，蛋重 60 克左右，蛋壳褐色。白洛克鸡原属兼用型。美国于 1937 年开始向肉用型改良，1940 年完成。20 世纪 50 年代后期与科尼什鸡杂交，表现出极好的肉用性能，风靡美国各地。而后又经不断地改良，鸡的体型、外貌与生产性能均有很大改变。其主要特点是，早期生长快，胸、腿肌肉发达，羽色洁白，屠体美观，并保持一定的产蛋水平。现多用白洛克鸡作母系，同白科尼什鸡杂交生产肉用仔鸡。

4.洛岛红鸡

洛岛红鸡育成于美国洛德岛州，属兼用型鸡种。由红色马来斗鸡、褐色来航鸡和九斤黄鸡杂交而成。1904 年，在《美国家禽标准》中列为一个品种。有单冠、玫瑰冠两个品变种。耳垂为红色，喙为红褐色，皮肤、脚、趾为黄色，羽毛为深红色，尾羽呈黑色有光泽，体躯中等，背长而平。产蛋和产肉性能均好。标准体重成年公鸡约为 3.8 千克，母鸡约为 2.9 千克，蛋壳褐色。洛岛红鸡母鸡的性成熟期约 180 天，雏鸡生后 6 月龄开产，年产蛋量 200 枚以上，蛋重 55～65 克。通过不断地选育，产蛋性能还在进一步提高。现代养禽业多用其作父本，与其他兼用型鸡或来航鸡杂交，育成高产的褐壳蛋商品鸡。

5.新汉夏鸡

新汉夏鸡属蛋肉兼用型品种。1935 年，由美国引进淡色洛岛红鸡的血统培育而成。自 1946 年引入我国繁殖推广后，适应性良好，对改良我国地方品种起到了积极的作用。20 世纪 70 年代以来，江苏农学院和河南省农林科学院畜牧兽医研究所都曾选用新汉夏鸡作为父本，分别与当地的扬州鸡和固始鸡进行杂交育种，到 1983 年分别育成蛋肉兼用型的新扬州鸡和郑州红鸡。

新汉夏鸡体躯较洛岛红鸡圆，性温驯，体质强健，发育快，单冠，羽色为樱桃红色，颜色比洛岛红鸡的稍淡，羽毛带有黑点，耳叶为红色，皮肤、喙、胫、趾均为黄色，胫无毛。成年公鸡平均体重约为3.8千克，母鸡约为2.9千克。母鸡平均开产日龄210天，年产蛋180～220枚，蛋重56～60克，蛋壳褐色，有就巢性。

新汉夏鸡最初以产蛋多而闻名，后来又被确认为肉质优良的鸡种。现代肉鸡生产中的红羽肉鸡父系多是由它选育而来，然后和隐性白羽肉母鸡杂交，生产后代为有色羽的商品肉鸡。

6.芦花洛克鸡

芦花洛克鸡原产于美国，为著名的蛋肉兼用型品种。全身羽毛呈黑白相同的芦花纹，具有生长快、产蛋多、肉质好、易育肥的特点。成年公鸡体重约为4.3千克，母鸡约为3.5千克，年产蛋170～180枚，高产系可达230～250枚，蛋壳褐色，蛋重56克左右。

7.狼山鸡

狼山鸡原产于我国江苏省南通地区，如东县和南通县石港一带。19世纪输入英、美等国，1883年在美国被承认为标准品种，有黑色和白色两个品变种。体形外貌最大特点是颈部挺立，尾羽高耸，背呈U字形。胸部发达，体高腿长，外貌威武雄壮，头大小适中，眼为黑褐色。单冠直立，中等大小。冠、肉垂、耳叶和脸均为红色。皮肤为白色，喙和跖为黑色，跖外侧有羽毛。狼山鸡的优点为适应性强，抗病力强，胸部肌肉发达，肉质好。

成年公鸡体重3.5～4.0千克，母鸡2.5～3.6千克，开产时间7～8月龄，年产蛋150～170枚，蛋重57～60克，蛋壳淡棕色，有就巢性。

8.乌骨鸡

乌骨鸡，又称丝毛鸡。原产于我国江西、福建等地，在国际上被列为标准品种，不仅具有蛋、肉兼用的特点，而且为著名的观赏型鸡

种。该鸡种具有所谓“十全”之誉，即紫冠、绿耳、缨头、丝毛、胡须、五爪、毛脚、乌皮、乌骨和乌肉。成年公鸡体重 1.25～1.50 千克，母鸡 1～1.25千克，180 日龄左右开产，年产蛋 80～120 枚，蛋重 40～42 克，蛋壳浅褐色，就巢性极强。该鸡种抗病力弱，育雏率低，乌骨鸡为传统中药“乌鸡白凤丸”的重要原料。

9.澳洲黑鸡

澳洲黑鸡属兼用型鸡种。在澳洲利用黑色奥品顿鸡进行选育，选育时注重产蛋性能。体躯深而广，胸部丰满，头中等大小，喙、眼、胫、趾均呈黑色，脚底呈白色。单冠、肉垂、耳叶和脸均为红色，皮肤白色，全身羽毛黑色而有光泽，羽毛较紧密。此鸡适应性强，成熟较早，产蛋量中等，蛋壳褐色。母鸡 6 月龄开产，平均年产蛋量 160 枚左右，蛋重约 60 克，蛋壳褐色，略有就巢性。成年公鸡体重 3.75 千克左右，母鸡 2.5～3 千克。

二、配套系

1.海兰鸡

海兰鸡，原产于美国，是美国海兰国际公司培育的中型褐壳蛋鸡。该鸡具有性情温顺，适应性好，开产早，产蛋高峰来得早，持续期较长等特点。商品代公母雏能自别雌雄。

海兰鸡的生产性能：18 周龄成活率为 96%～98%，体重约为 1550 克，每只鸡耗料量 5.7～6.7 千克，80 周龄成活率为 95%，19～80 周龄鸡日平均耗料约 114 克，21～74 周龄每千克蛋耗料约2.06千克，72 周龄体重约为 2250 克。高峰产蛋率为 94%～96%，入舍母鸡产蛋数至 60 周龄约为 246 枚、至 74 周龄约为 317 枚、至 80 周龄约为 347 枚，平均蛋重 32 周龄约为 62.3 克、70 周龄约为 66.9 克，饲养日产蛋总重量 17～74 周龄约为 2060 克、19～80 周龄约为 2250 克。

2.罗曼鸡

罗曼鸡原产于德国，由德国罗曼公司育成，属中型体重高产蛋鸡，具有产蛋率高、饲料转化率高、蛋重适中、蛋品质优良、蛋壳较坚硬等特点。罗曼蛋鸡有较高的生产性能，产蛋高峰以及高峰后的产蛋力较为持久。罗曼蛋鸡性情非常温顺，适应能力强，有较强的抗病能力，易于管理。1989 年上海申宝鸡场引进了曾祖代种鸡，目前全国大部分省市均有父母代种鸡饲养。

父母代种鸡 18 周龄体重 1400～1500 克，1～20 周龄耗料约为 8.0 千克/只（含公鸡），1～18 周龄成活率为 96%～98%，开产日龄 147～161 天，产蛋率达 50%，产蛋高峰期产蛋率 90%～92%；21～68 周龄耗料约为 41.5 千克/只，产蛋期成活率为 94%～96%；68 周龄母鸡体重 2200～2400 克；72 周龄产蛋量为 275～283 枚，产合格种蛋为 240～250 枚，产母雏为 95～102 只。

商品代罗曼鸡 20 周龄体重 1500～1600 克，1～20 周龄耗料 7.2～7.4 千克/只，1～18 周龄成活率为 97%～98%，开产日龄 145～150 天，产蛋高峰期产蛋率为 92%～94%；72 周龄母鸡产蛋 295～305 枚，总蛋重 18.5～20.5 千克，平均蛋重约 64 克，体重 1900～2100 克；19～72 周龄日耗料 108～116 克/只，料蛋比为（2.3～2.4）:1，成活率为 94%～96%。

3.罗斯－308

罗斯－308（Ross－308）是英国罗斯育种公司培育成功的优质白羽肉鸡良种。罗斯－308 体质健壮，成活率高，增重速度快，出肉率和饲料转化率高；其父母代种鸡产合格种蛋多，受精率与孵化率高，能产出最大数量的健雏。该鸡种为四系配套，商品代雏鸡可以羽速自别雌雄。商品肉鸡适合全鸡、分割和深加工之需，畅销世界各地。1989 年，罗斯－308 肉鸡最早被上海所引进，其父母代和商品代的表

现很好。20 世纪 90 年代初建立在天津市武清区的华牧家禽育种中心也引进过罗斯—308 的祖代种鸡。

表 1-1　罗斯—308 商品代生长性能

商品名称	公鸡			母鸡			混养		
	日龄	体重(克)	料肉比	日龄	体重(克)	料肉比	日龄	体重(克)	料肉比
罗斯—308	36	2272	1.59	36	1950	1.672	36	2111	1.628
	42	2867	1.701	42	2436	1.811	42	2652	1.751
	49	3541	1.83	49	2986	1.937	49	3264	1.895

现有的隐性白羽品系，基本上都是在白洛克品种的基础上选育出来的。该鸡全身羽毛均为白色，体型呈丰满的元宝形；单冠，冠叶较小，冠、脸、肉垂与耳叶均为鲜红色；皮肤与胫部为黄色。眼睛虹膜为褐(黑)色，这一点是区别隐性白羽和白化变异的重要特征。

4. AA 鸡

AA 鸡，又叫爱拨益加鸡，原产于美国。由美国爱拨益加公司育成，是世界著名肉鸡配套杂交种之一。1981 年引入我国，适应性和生产性能表现良好，目前在我国已广泛养殖。商品代 AA 鸡 6 周龄体重可达 2.03 千克，料肉比为 1.74∶1；7 周龄体重约为 2.52 千克，料肉比为 1.91∶1；8 周龄体重约为 2.99 千克，料肉比为 2.09∶1。

5. 艾维茵鸡

艾维茵鸡原产于美国，由美国艾维茵国际家禽有限公司培育，为当前著名肉用仔鸡配套杂交种之一。1987 年由中、美、泰三方在我国北京合资联合建立北京家禽育种有限公司，引进原种和祖代鸡种，目前在我国已推广至各省市。

商品代艾维茵鸡 6 周龄体重约为 1.979 千克，料肉比为 1.72∶1；7 周龄体重约为 2.452 千克，料肉比为 1.89∶1；8 周龄体重约为2.924 千克，料肉比为 2.08∶1。

三、我国地方鸡种

1. 仙居鸡

仙居鸡原产于浙江省中部靠东海的台州市，重点产区是仙居县。该鸡体形较小，结实紧凑，体态匀称秀丽，动作灵敏活泼，易受惊吓，属神经质型。头部较小，单冠，颈细长，背平直，两翼紧贴，尾部翘起，骨骼纤细，其外形和体态，颇似来航鸡。羽毛紧密，羽色有白羽、黄羽、黑羽、花羽及栗羽之分。跖多为黄色，也有肉色及青色等。成年公鸡体重为1.25～1.5千克，母鸡为0.75～1.25千克，目前产蛋量变异度较大。

2. 大骨鸡

大骨鸡，又名庄河鸡，属蛋肉兼用型。原产于辽宁省庄河市，分布在辽东半岛，地处北纬40°以南的地区。该鸡单冠直立，体格硕大，腿高粗壮，结实有力，故名大骨鸡。身高颈粗，胸深背宽，腹部丰满，墩实有力。公鸡颈羽为浅红色或深红色，胸羽黄色，肩羽红色，主尾羽和镰羽黑色且有翠绿色光泽，喙、跖、趾多数为黄色。母鸡羽毛丰厚，胸腹部羽毛为浅黄或深黄色，背部为黄褐色，尾羽黑色。成年公鸡平均体重3.2千克以上，母鸡2.3千克以上。平均年产蛋量约为146枚，平均蛋重在63克以上。

3. 惠阳鸡

惠阳鸡主要产于广东博罗、惠阳、惠东等地。惠阳鸡属肉用型，其特点可概括为黄毛、黄嘴、黄脚、黄胡须、短身、矮脚、易肥、软骨、白皮及玉肉（又称玻璃肉）等。主尾羽颜色有黄、棕红和黑色，以黑者居多。主翼羽大多为黄色，有些主翼羽内侧呈黑色。腹羽及胡须颜色均比背羽色稍淡。头中等大，单冠直立，肉垂较小或仅有残迹，胸深，

胸肌饱满。背短，后躯发达，呈楔形，尤以矮脚者为甚。惠阳鸡育肥性能良好，沉积脂肪能力强。成年公鸡体重 1.5～2.0 千克，母鸡 1.25～1.5 千克。年产蛋量 70～90 枚，蛋重约 47 克，蛋壳有浅褐色和深褐色两种，就巢性强。

4. 寿光鸡

寿光鸡原产于山东省寿光县，历史悠久，分布较广。该鸡头大小适中，单冠，冠、肉垂、耳叶和脸均为红色，眼大灵活，虹彩黑褐色，喙、胫、础均为黑色，皮肤白色，全身黑羽并带有金属光泽，尾有长短之分。寿光鸡分为大、中两种类型。大型公鸡平均体重约为 3.8 千克，母鸡约为 3.1 千克，产蛋量 90～100 枚，蛋重 70～75 克。中型公鸡平均体重约为 3.6 千克，母鸡约为 2.5 千克，产蛋量 120～150 枚，蛋重 60～65 克。寿光鸡蛋大，蛋壳深褐色，蛋壳厚。成熟期一般为 240～270 天。经选育的母鸡就巢性不强。

5. 北京油鸡

北京油鸡原产于北京市郊区，历史悠久，具有冠羽、跖羽，有些个体有趾羽。不少个体颌下或颊部有胡须。因此，人们常将三羽（凤头、毛腿、胡子嘴）称为北京油鸡外貌特征。体躯中等大小，羽色有赤褐色和黄色两种。初生雏绒羽土黄色或淡黄色，冠羽、跖羽、胡须可以明显看出。成年鸡羽毛厚密蓬松，公鸡羽毛鲜艳光亮，头部高昂，尾羽多呈黑色。母鸡的头尾微翘，跖部略短，体态敦实。尾羽与主副翼羽常夹有黑色或半黄黑色羽色。生长缓慢，性成熟期晚，母鸡 7 月龄开产，年产蛋约为 110 枚。成年公鸡体重 2.0～2.5 千克，母鸡 1.5～2.0千克。屠体肉质丰满，肉味鲜美。

6. 固始鸡

固始鸡原产于我国河南省固始县，是我国优良的地方鸡种，属肉蛋兼用型，目前培育的品系有高产品系、快速品系和乌骨品系，该鸡种被誉为“中国土鸡之王”。公鸡的毛色为金红色，母鸡的毛色多为黄色、黄麻色和麻色。成年公鸡体重 2～2.5 千克，母鸡 1.25～2.25 千克。年产蛋数约为 185 枚，50%产蛋在 25～26 周龄。商品仔鸡 60 日龄体重为 1～1.15 千克，70 日龄体重为 1.10～1.25 千克，料肉比分别为 2.6∶1 和 2.7∶1。

第二章

鸡的饲料与饲料配方设计技术

一、饲料种类

1.饲料按营养特性分类

按营养特性，饲料分为8类，即粗饲料、青绿饲料、青贮饲料、能量饲料、蛋白质饲料、矿物质饲料、维生素饲料和添加剂。这里面有些适合养鸡使用，有些不适宜养鸡使用，具体分述如下。

(1)粗饲料 粗饲料是指饲料干物质中粗纤维含量大于或等于18%的一类饲料，主要包括干草、秸秆类、干树叶类等。这类饲料不适合于喂鸡。

(2)青绿饲料 青绿饲料是指自然含水量大于或等于45%的野生或栽培植物，如各种牧草、鲜树叶、水生植物及菜叶类，以及非淀粉和糖类的块根、块茎和瓜果类多汁饲料。这类饲料是养鸡的很好的补充饲料，在饲养地方土种鸡时必不可少。

(3)青贮饲料 由自然含水的青绿饲料制成的青贮饲料或半干青贮。青绿饲料中补加适量糠麸或根茎瓜类制成的混合青贮饲料也属此类。这类饲料也不适合喂鸡。

(4)能量饲料 能量饲料是指饲料干物质中粗纤维少于18%，粗蛋白少于20%的饲料，主要包括谷实类、糠麸类，富含淀粉的根、茎、瓜果类,油脂和糖蜜类及一些外皮较少的草粉籽实类。能量饲料是养鸡的主要饲料,常用的能量饲料有玉米、糙米、稻谷、高粱、小麦麸、次粉、全脂米糠、脱脂米糠、小麦、碎米、油脂等。

(5)蛋白质饲料 蛋白质饲料是指饲料干物质中粗纤维少于18%,粗蛋白多于20%的一类饲料,主要包括植物性蛋白质饲料、动物性蛋白质饲料、食品及酿造业副产品、单细胞蛋白质、非蛋白氮和人工合成氨基酸。蛋白质饲料也是养鸡必不可少的主要饲料之一。常用的蛋白质饲料如:膨化大豆、豆粕、豆饼、棉籽粕、花生粕、菜籽粕、芝麻粕、葵花籽粕、玉米蛋白粉、玉米胚芽粕、全鱼粉、下杂鱼粉、水解羽毛粉、肉粉和肉骨粉等。这里特别提醒广大养殖户,加工的动物性蛋白饲料,如鱼粉、肉骨粉等,最好少用或者不用。因为一方面这些动物性蛋白饲料成本高,另一方面会有特殊的味道影响鸡肉品质。动物性蛋白饲料中最好的是各种活的昆虫。

(6)矿物质饲料 矿物质饲料包括天然生成的矿物质和工业合成的单一化合物,以及混有载体的多种矿物质和工业合成的单一化合物制成的矿物质添加剂预混料。无论提供常量元素或微量元素者均属于此类。矿物质饲料是养鸡不可缺少的必备饲料之一,尤其是饲养蛋鸡,必须保证饲料中有足够的钙和磷。常用的有磷酸钙类、骨粉、石粉、贝壳粉等。

(7)维生素饲料 维生素饲料包括工业合成或由原料提纯精制的各种单一维生素和复合维生素。富含维生素的自然饲料则不划归于维生素饲料。

(8)添加剂 这一类是指饲料中添加的除矿物质、维生素以及人工合成氨基酸以外的各种添加剂,如各种抗生素、防霉剂、抗氧化剂、黏结剂、疏散剂、着色剂、增味剂以及保鲜剂等非营养性添加剂。

2.鸡的饲料按形状分类

鸡的饲料按形状分类,有粒料、粉料、颗粒饲料和破碎料四种。

(1)粒料　粒料是指保持原来形状的谷粒或加工打碎后的谷物饲料。

(2)粉料　粉料是指将饲料配方中的谷物饲料(如玉米)和蛋白质饲料(如豆粕、鱼粉)等粉碎,加上糠麸、矿物质粉末及各种添加剂等混合而成的粉状饲料。粉料的营养完善,鸡不易挑食。但粉料适口性差一些,而且容易飞散,造成浪费。制作粉料时最好磨得粗一些,目前生产上多将谷物、饼类磨得过细,这是很不合适的。

(3)颗粒饲料　颗粒饲料是将已配合好的粉料用颗粒机制成直径为2.5～5.0毫米的颗粒。这种颗粒饲料的优点是营养完善,适口性强,鸡无法挑选,避免偏食,防止浪费,便于机械化喂料,节省劳力。鸡采食颗粒饲料的速度快,食量大,适于肉用仔鸡快速育肥。产蛋鸡一般不宜喂颗粒饲料,因为容易出现过食过肥而影响产蛋。但在夏季因高温影响,鸡的食欲缺乏时,可采用颗粒饲料来增加鸡的采食量。颗粒饲料因需加工制造颗粒,成本稍高。此外,如果水分含量较高,夏季保存不当容易发霉,需加以注意。

(4)破碎料　破碎料是将制成的颗粒再经加工破碎的饲料,它除具有颗粒饲料的优点外,由于采食速度稍慢,不致过食过肥,适于产蛋鸡和各种周龄的雏鸡喂用,只是加工成本较高。

3.鸡的营养需要

鸡的生长速度快,繁殖力强;体温较其他家畜高,代谢旺盛;饲料利用率高,能在较短时间内生产出大量肉蛋产品,因此,其营养需要具有一定的特殊性,尤应注意能量、蛋白质、矿物质和维生素饲料的需要。

(1)能量　在鸡的生长过程中,各种活动包括呼吸、运动、循环、消化、排泄及调节体温等都需要能量。能量来自饲料,主要来源于碳水化合物、脂肪和蛋白质。

所谓碳水化合物,包括无氮浸出物和粗纤维,其中无氮浸出物中的淀粉是鸡能量的主要来源，其价格便宜，来源丰富，是养鸡的主要饲料，谷物是其主要的来源。饲料中适量的纤维素可促进鸡的肠蠕动，帮助消化，其含量一般控制在2.5%～5%，不宜过高，否则会降低其他养分的消化吸收率。脂肪可弥补鸡日粮中淀粉含量的不足，因脂肪的热能价值高，其所含热量为碳水化合物的2.25倍，试验证明在肉用仔鸡和蛋鸡日粮中加入1%～5%的脂肪，能提高饲料效率，提高肉鸡的增重和蛋鸡的产蛋量。正常情况下，鸡自身能合成十八碳以下的脂肪酸，但鸡自身不能合成亚油酸，必须由饲料供给。玉米中含有足够的亚油酸，不以玉米为主的饲料，则需要另外补给。

鸡能量的消耗大部分用在维持基础代谢等需要上，随着产蛋率、产肉性能的提高，对能量的需要则相对增加。一般体重愈大，产蛋量愈高，环境温度愈低于适宜温度，所消耗的能量则愈多。所以，保持鸡舍适当的温度，也能节约能量饲料。自由采食的鸡，有按自身能量需要调节采食量的功能。在日粮配合中，若能正确掌握日粮中能量与蛋白质等营养物质的比例，可以提高饲料效率。

(2)蛋白质 蛋白质是构成鸡体的基础成分，在鸡肉、鸡蛋、内脏器官、血液、激素、羽毛中，蛋白质是最重要的组成成分，对维持鸡的生长发育，保证各种代谢活动，促进产蛋、产肉等起着非常重要的作用。

蛋白质由20余种氨基酸组成，含有碳、氢、氧、氮等物质。氨基酸又分为非必需氨基酸和必需氨基酸，前者指在鸡体内可以合成的氨基酸，后者是指在鸡体内不能合成或合成的量不能满足需要，必须由摄入的饲料中获取的氨基酸。成年鸡有8种必需氨基酸：苏氨酸、缬氨酸、亮氨酸、异亮氨酸、色氨酸、苯丙氨酸、赖氨酸、蛋氨酸；生长鸡增加2种：精氨酸、组氨酸；雏鸡再加3种：甘氨酸、胱氨酸、酪氨酸。其中色氨酸、赖氨酸、蛋氨酸又称限制性氨基酸，因为它们在体内完全不能被合成，如果缺乏会影响其他氨基酸的利用率。饲喂蛋白质水平低的饲料时，添加一些限制性氨基酸，可提高其他氨基酸的

利用率，增强蛋白质的合成作用，促进鸡的生长发育和产肉、产蛋性能的提高。因此，在进行鸡的日粮配合时，要注意各种氨基酸的平衡搭配。一般动物性饲料含限制性氨基酸丰富，其营养价值较高，而植物性饲料则相对缺乏，需要另外添加。

饲料中蛋白质和氨基酸缺乏，会造成雏鸡生长缓慢，食欲下降，羽毛生长不良，性成熟推迟，产蛋、产肉量减少以及蛋、肉品质下降，严重时体重下降，卵巢萎缩，甚至引起死亡。

鸡对蛋白质和氨基酸的需要量，随生长阶段和生产性能的不同而不同，肉用仔鸡和种用雏鸡的育雏阶段，及产蛋鸡的产蛋高峰期需要量大。

(3)矿物质　矿物质是一类无机物，是组成鸡饲料的重要元素。它具有调节鸡体内渗透压，保持酸碱平衡等作用，又是骨骼、蛋壳、血红蛋白和激素的重要成分，对维持鸡体各器官的正常生理功能、保证正常生长发育、维持高生产性能起着重要作用。

在鸡必需的矿物质中，可分为两大类：一类为常量元素；另一类为微量元素。

①常量元素。常量元素主要包括钙、磷、钠、氯、钾、硫、镁等，占鸡体重的 0.01%以上。

钙：钙是骨骼和蛋壳的主要组成成分，能保持正常的心脏机能，维持神经、肌肉的正常生理活动，参与血液凝固。钙在鱼粉、骨粉、骨肉粉、蛋壳、贝壳中含量丰富。成年及产蛋鸡的需钙量约 3.25%，当环境温度达 33℃时需钙量增加到 3.5%～3.75%；育雏和育成阶段的需钙量为 0.8%～1.0%。在产蛋期，饲料中的钙源以贝壳粉为最好，可以提高蛋壳质量。钙和磷有着密切的关系，二者必须保持一定的比例，才能被充分利用和吸收。一般钙、磷的比例，雏鸡为(1～2)∶1，产蛋鸡(4～5)∶1 为宜。如饲料中钙、磷不足或缺乏，雏鸡会患软骨病，鸡翅骨骼易折断，蛋壳粗糙，或变薄、变软。

磷：磷也是骨骼的主要成分，在鸡的脏器及有关体细胞中含量较多。磷对促进体内碳水化合物和脂肪代谢，以及促进钙的吸收与维持体内酸碱平衡是很必要的。谷物、糠麸及磷灰石中含磷较多。鸡饲料中无机磷占总磷的30%；产蛋鸡的可利用磷应在0.35%以上。鸡缺磷时会引起食欲减退，发育不良，严重时关节硬化，骨骼变脆易碎，并诱发啄癖。

钠和氯：二者是食盐的主要成分。钠在肠道中保持消化液的碱性，有助于消化，参与形成组织液，对维持机体渗透压和正常生理机能有重要的作用。氯是形成胃液、保持胃液酸性、参与构成血液等组织液的主要成分。饲料中食盐不足，鸡容易出现消化不良、食欲减退、生长发育缓慢、啄肛等现象；产蛋鸡会出现体重下降，产蛋量减少，蛋重减轻。鸡对食盐的日需量一般约为0.5克/只。

钾：钾是细胞内液的主要离子，参与维持体液酸碱平衡和渗透压。钾在植物性饲料中含量丰富，鸡在一般情况下不会缺乏钾元素。

硫：硫主要存在于羽毛、体蛋白、鸡蛋中，是含硫氨基酸、硫胺素、生物素的主要组成成分，对蛋白质的合成和碳水化合物代谢等有重要作用。在日粮中尤其油菜饼粕中，硫含量丰富，鸡一般并不缺乏。缺硫的鸡会表现掉毛、流口水、溢泪、食欲下降、体质虚弱等。

镁：镁主要存在于骨骼、血液中，能维持骨骼的正常发育和神经系统的功能，参与机体的糖代谢和蛋白质代谢。镁在饲料中含量较多，棉籽粕中含量丰富，一般含钙的饲料中也含有镁，鸡通常不缺乏。

②微量元素。微量元素包括铁、铜、锰、锌、钴、碘、硒等，占鸡体重的0.01%以上。

铁：铁是形成血红蛋白的必需物质，它参与血液中氧的运输和细胞内生物氧化过程，是各种氧化酶的组成成分。铁在日粮中含量丰富，一般并不缺乏。饲料中铁不足时，雏鸡表现为生长停滞、下痢和贫血。

铜：铜与红细胞生成、色素形成、神经系统功能和生长发育有关。铜在青草中含量高，缺乏时可引起贫血、佝偻病及产蛋率下降等。

锰：锰与鸡的骨骼发育和脂肪代谢密切相关。锰在麸皮中含量

较多,但因麸皮在鸡饲料中的含量有限,鸡易发生锰缺乏。雏鸡缺锰时表现为生长发育不良,易患滑腱症。成鸡缺锰时蛋壳变薄,产蛋率和孵化率降低。

锌:鸡体内许多酶类及骨、肌肉、毛和内脏器官都含有锌,在蛋白质的生物合成和利用中起重要作用。锌缺乏时,鸡生长缓慢,羽毛、皮肤发育不良,长骨变短,关节肿大,皮肤粗糙、呈鳞片状,产蛋率、孵化率降低。

钴:钴是组成维生素 B_{12} 的必需成分,与红细胞生成、蛋白质及碳水化合物代谢有关。鸡发生钴缺乏时,最明显的症状是贫血。

碘:碘是甲状腺素的组成成分,与机体的生长、发育、繁殖及神经系统的活性有关。碘存在于饮水、饲料、土壤中,可形成地区性缺碘。缺碘时,鸡甲状腺肿大,甲状腺素分泌减少,代谢能力降低,生长、发育缓慢,产蛋率降低等。

硒:硒是家禽必需的微量元素,它是体内某些酶、维生素以及某些组织成分不可缺少的元素,有抗氧化作用,对某些酶能起催化作用。硒缺乏时可引起家禽营养不良、渗出性素质、胰腺变性或引起肝坏死,为家禽生长、生育和防止许多疾病所必需。硒和维生素 E 对预防小鸡脑软化、鸡肌胃变性有着相互补充的作用。硒在鸡饲料中的适宜含量约为 3 毫克/千克,过量会引起硒中毒,亦造成肝的病变和贫血。

(4)维生素　维生素是动物生长代谢所必需的有机营养物。它既不是体内能量的来源,也不是构成机体组织的成分,是调节和控制机体新陈代谢的重要物质。大多数维生素在鸡体内不能合成,个别维生素的合成量远远不能满足鸡体的需要,必须从饲料中获得。青饲料中含有多种维生素,养鸡场经常搭配青饲料来节省添加剂的供给,青饲料不足的养鸡场或季节,所需的维生素要从添加剂中给予补充。

目前确认,鸡必需从饲料中获取的维生素有 13 种,分为 4 种脂溶性维生素和9种水溶性维生素。脂溶性维生素包括维生素A、维生素D、维生素E、维生素K。水溶性维生素分别为维生素B_1（硫胺素）、维生素B_2（核黄素）、烟酸（尼克酸）、维生素B_6（吡哆醇）、维生素B_3（泛酸）、维生素H（生物素）、胆碱、维生素B_{11}（叶酸）和维生素B_{12}。其中在饲料中容易缺乏的为维生素A、维生素B_1、维生素B_2、维生素D_3等。鸡体自身可以合成维生素C，一般情况下不需要补充。

维生素A：维生素A能维持上皮细胞的正常功能，促进生长发育，调节体内物质代谢，保护消化道、呼吸道和生殖道黏膜的健康，增强对传染病和寄生虫病的抵抗能力。维生素A在鱼肝油中含量丰富，胡萝卜、青饲料中含有较多的可转化为维生素A的类胡萝卜素，鸡体内，3毫克胡萝卜素可以转化为1毫克的维生素A，黄玉米中也含有少量的胡萝卜素。维生素A缺乏时，鸡易患干眼病、夜盲症，表皮角质化、皲裂，雏鸡生长缓慢，成鸡产蛋率、孵化率下降，抗病力下降等。

维生素D：维生素D能促进动物钙、磷的吸收，调节血液中钙、磷的浓度，促进钙、磷在骨骼、蛋壳中沉积。鱼肝油中含有维生素D，鸡的皮肤中存在7-脱氢胆固醇，经过紫外线的照射可以合成维生素D。因此，鸡经常晒太阳不会引起维生素D缺乏。当维生素D缺乏时，雏鸡易患佝偻病，生长发育迟缓；成鸡易患软骨病，产蛋率、孵化率降低，蛋壳变薄易破，严重时会瘫痪。

维生素E：维生素E与核酸代谢及酶的氧化还原有关，是有效的抗氧化剂，对消化道和其他组织中维生素A有保护作用，能提高鸡的繁殖性能。维生素E在青饲料、谷物胚芽、蛋黄和植物油中含量丰富。维生素E缺乏时，雏鸡易患脑软化症、渗出性素质和肌肉营养不良；公鸡繁殖机能衰退；母鸡产蛋率、孵化率下降。

维生素K：维生素K能催化合成凝血酶原、维持鸡的正常凝血机能。维生素K在青饲料、大豆中含量丰富。维生素K缺乏时，鸡易患出血病（含母鸡和雏鸡），多发生翼下出血，鸡冠苍白，死前呈蹲坐姿势。

维生素B_1（硫胺素）：参与体内糖类代谢，维持正常的神经机能，增强鸡的消化机能。维生素B_1在糠麸、青饲料及乳制品中含量丰富。鸡缺乏时，会引起食欲减退，消化不良，肌肉痉挛及多发性神经炎。

维生素B_2（核黄素）：参与体内氧化还原；调节细胞呼吸，有助于物质代谢，提高饲料利用率。维生素B_2在青饲料、干草粉、酵母、鱼粉、糠麸及油类饼粕中含量丰富。缺乏时，雏鸡会发生生长缓慢、腹泻和消化障碍，趾向内弯曲，甚至麻痹、瘫痪；成鸡产蛋下降，孵化率低。

烟酸（尼克酸）：烟酸为多种酶的重要成分，在机体碳水化合物、脂肪、蛋白质代谢中起重要作用。在谷物胚芽、豆类、糠麸、青饲料、酵母、鱼粉等内烟酸含量丰富。鸡缺乏时食欲减退，生长缓慢，羽毛粗乱，关节肿大，长骨弯曲。

维生素B_6（吡哆醇）：维生素B_6与蛋白质代谢有关。维生素B_6在一般饲料中含量丰富，鸡体内也可自身合成。当缺乏时，鸡表现异常兴奋，甚至痉挛；食欲减退，体重下降；产蛋率、孵化率明显下降，最后会导致严重衰竭而死亡。

维生素B_3（泛酸）：维生素B_3是辅酶A的组成部分，与体内碳水化合物、脂肪和蛋白质代谢有关。在糠麸、小麦、酵母及胡萝卜中，维生素B_3含量较多。鸡缺乏时皮肤发炎，羽毛粗乱无光，骨骼短粗变形，口角、肛门出现硬痂，脚爪皮炎，生长不良。

维生素H（生物素）：参与体内脂肪、蛋白质、碳水化合物等的代谢。在鱼肝油、酵母、青饲料、糠麸、谷物和鱼粉中，维生素H含量较多。鸡缺乏时，喙、趾等部位易发生皮炎；骨骼变形，生长缓慢；种蛋孵化率降低。

胆碱：胆碱在传递神经冲动和参与脂肪的代谢上很重要。在小麦胚芽、豆饼、糠麸、鱼粉等内，胆碱含量丰富。缺乏时，引起鸡脂肪代谢障碍，雏鸡生长缓慢，鸡脚弯曲等。

维生素 B_{11}(叶酸):维生素 B_{11} 与维生素 B_{12} 共同参与核酸代谢和蛋白质的合成,对肌肉、羽毛生长有促进作用。在青饲料、大豆饼、麸皮、小麦胚芽及酵母中,维生素 B_{11} 含量较多。缺乏时,鸡生长停滞,贫血,羽毛粗乱,骨短粗,产蛋率下降,种蛋孵化率降低。

维生素 B_{12}:维生素 B_{12} 参与碳水化合物、脂肪代谢和核酸合成,能提高造血机能和日粮中蛋白质的利用率。维生素 B_{12} 在鱼粉、骨肉粉、羽毛粉等动物性饲料中含量丰富。鸡缺乏时会引起贫血,雏鸡生长缓慢,羽毛生长不良,种蛋孵化率降低。

二、饲料配方设计技术

1.饲料配方设计的基本原则

(1)**科学性** 首先要满足目标动物的营养需要,既要保证养分的绝对含量,又要考虑其实际可消化量(消化率)以及保持养分间合适的比例关系。其次要掌握家禽的消化、生理特点,所设计的配方要与鸡所处的生理阶段及生理环境相适应,最大限度地满足其生长和正常的生理代谢所需的营养。

(2)**经济性** 通过质量与价格的权衡,充分利用当地的饲料资源,既要符合营养方面的需要,又要尽可能地降低成本。

(3)**可操作性** 从原料的种类、采购到现有的生产加工设备方面都有较好的可操作性。在一定时间内,能够保持生产相对稳定,但又不是一成不变的稳定性,具有一定的灵活性。

(4)**适应性** 利用现有的饲料原料特点,生产工艺流程以当地的养殖特点为基础。

(5)**合法性** 饲料符合法律法规的要求,原料卫生标准,有毒有害成分及国家明令禁制止违禁药物及添加剂不得使用,同时一些矿物元素的使用要考虑对环境的污染,不可超量使用,要对环境保护和可持续发展有益。

2.饲料配方设计的依据

在饲料配方设计中，要熟悉鸡的营养需要参数（饲养标准），并确定关键营养指标及其允许变动范围；参考饲料营养价值含量资料表；关键营养指标的化学含量或可利用量要合理；考虑各种饲料用量的适宜范围；明确所使用添加剂的有效成分含量、用量、配伍禁忌和特殊使用方法等；设计最低成本配方时必须依据饲料原料的价格。

3.饲料配方设计的方法

目前饲料配方设计的常用方法有试差法和数学规划法。试差法是最基本的计算方法，通过练习可加深对配方过程的理解，它适用于有一定生产经验和专业知识的人员。数学规划法是以线性规划为主，个别采用目标规划等，可以通过使用 Excel 等软件，及专业配方软件进行操作，要求设计者具有相应的专业知识及软件配置。本书主要介绍饲料配方设计的试差法。

试差法又叫凑数法，只要具备基本的经验和加减乘除计算知识就可以进行饲料配方设计，简单易学，容易深入掌握配料技术，应用广泛。但计算量大，繁琐，盲目性较大，成本可能较高（可结合成本核算兼顾考虑）。

(1)基本步骤 首先查找要配目标鸡的饲养标准，根据当地的原料情况并依据经验初拟各种饲料的大致比例配方，然后用各自的比例去乘该原料所含养分的百分含量，再将各种原料的同种养分之积相加，得到该配方的每种养分的总量，将这个初始经验配方的主要营养含量与所配目标鸡的饲养标准进行对比，查找差额，根据差额情况对初始经验配方中的原料进行增减，重新调整比例，再计算，再调整，直至所设计配方的各项营养指标基本符合所配目标鸡的饲养标准。

(2)注意事项 初拟配方时，先定量矿物质、食盐、预混料等原料。了解原料特性，确定毒素、抗营养因子等原料的用量。通过观察对比原料的营养成分，确定用来相互替代的原料。然后以能量和蛋白质为目标进行调整，再考虑矿物质和氨基酸。矿物质不足时，先满足磷含量，再考虑以低磷高钙的原料（如石粉）进行补充。氨基酸不足时，以合成氨基酸补充，必须考虑产品含量与效价，超出的氨基酸如不是太高，可不作调整。不必过分拘泥于饲养标准，配方营养浓度宜略高于标准，可确定一个超出范围（±5%）。具体到每个鸡的品种可参考不同的饲养标准，如肉种鸡可参照育种公司推荐标准，白羽肉鸡、蛋鸡可参照育种公司推荐标准或NRC标准，黄羽肉鸡可参照地方标准或企业标准。

(3)举例说明如何进行饲料配方设计计算 例如，采用玉米、豆粕、鱼粉、油脂、磷酸氢钙、石粉、食盐、1%预混料（微量元素、维生素、药物等添加剂），设计某一大型肉鸡品种0～3周龄饲料配方。

首先查找确定肉鸡的营养需要（饲养标准）和饲料营养成分含量表，分别见表2-1和表2-2。

表2-1 0～3周龄肉鸡营养需要(饲养标准)

项目	代谢能（兆焦/千克）	粗蛋白（%）	钙（%）	磷（%）	蛋氨酸（%）
含量	13.39	23.0	1.0	0.65	0.50

表2-2 所用饲料每千克所含营养成分表

饲料	代谢能（兆焦/千克）	粗蛋白（%）	钙（%）	磷（%）	蛋氨酸（%）
玉米	14.309	8.50	0.03	0.28	0.16
豆粕	13.472	44.00	0.30	0.65	0.59
进口鱼粉	11.674	62.80	3.87	2.76	1.84
油脂	36.00	—	—	—	—
石粉	—	—	35.0	—	—
磷酸氢钙	—	—	26.0	18.0	—

其次按能量和蛋白质的参数初拟配方，并计算初始配方的营养成分含量与饲养标准进行对比。根据该大型肉鸡前期饲料的营养要求、营养原理及饲料配方实践经验，初步提出饲料配方中各种原料的百分比。一般能量饲料占65%～85%，蛋白质饲料占25%～35%，矿物质饲料与预混料共占3%～4%，其中维生素和微量元素预混料一般为1%。暂定此初始配方玉米为62%，豆粕33%，进口鱼粉1%，油脂1%，石粉1%，磷酸氢钙1.62%，食盐0.38%，预混料1%。

再按配比计算每千克饲料所含的营养，算出每种饲料所含各种营养成分的总量列成表，见表2-3。对于鸡而言，最易缺乏的氨基酸为蛋氨酸，故将初始配方的蛋氨酸计算出来，并列于表中，结果见表2-3。

表2-3　初拟配方每千克混合料所含营养成分表

饲料	比例（%）	代谢能（兆焦/千克）	粗蛋白（%）	钙（%）	磷（%）	蛋氨酸（%）
玉米	62.00	8.87	5.27	0.018	0.174	0.099
豆粕	33.00	4.45	14.52	0.099	0.215	0.195
进口鱼粉	1.00	0.12	0.63	0.039	0.028	0.018
油脂	1.00	0.36				
石粉	1.00			0.35		
磷酸氢钙	1.62			0.42	0.292	
食盐	0.38					
预混料	1.00					
合计	100	13.80	20.42	0.926	0.709	0.312
营养标准		13.39	23.00	1.00	0.65	0.50
差值		+0.41	−2.58	−0.074	+0.059	−0.188

接着进行配方调整，将初始配方的计算结果与营养标准进行对比，根据差异情况进行配方的调整。首先考虑调整能量和蛋白质，使它们符合饲养标准。采用的方法是降低配方中某种原料的比例，同

时增加另一种原料的比例，二者增减数相同。上述配方中日粮的能量比标准高，而蛋白质低，需要用蛋白饲料代替能量饲料，如果用豆粕代替玉米，那么每使用1%的豆粕代替玉米可使能量降低0.837兆焦，粗蛋白增加35.5克。要使日粮蛋白质达到23%，需要增加豆粕比例为2.58/35.5=7.26%，玉米相应减少7.26%，但是这样调整的结果可能又要导致能量减少，从上述计算看出，初始配方中能量的水平只是略微高出营养标准，为此可以考虑增加另外一种含蛋白质高的原料鱼粉的比例，但是鱼粉的价格比较高，用多了又会导致成本增加，权衡多方因素可将初始配方调整如下，并重新计算日粮各种营养成分的含量，见表2-4。

表2-4　第一次调整后日粮组成及营养成分表

饲料	比例（%）	代谢能（兆焦/千克）	粗蛋白（%）	钙（%）	磷（%）	蛋氨酸（%）
玉米	55.00	7.87	4.68	0.017	0.154	0.088
豆粕	39.00	5.25	17.16	0.117	0.254	0.230
鱼粉	2.00	0.23	1.26	0.077	0.055	0.037
油脂	1.00	0.36				
石粉	1.00			0.35		
磷酸氢钙	1.62			0.42	0.292	
食盐	0.38					
预混料	1.00					
合计	100	13.71	23.10	0.981	0.755	0.355
营养标准		13.39	23.00	1.00	0.65	0.50
差值		+0.36	+0.10	−0.019	+0.105	−0.145

调整后的配方能量和蛋白质基本接近标准值并略微超标，磷的含量也超出标准值，因而再对日粮的钙磷及氨基酸的含量进行调整。可以想象，只要对石粉和磷酸氢钙的用量进行稍加调整即可满足钙

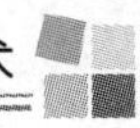

磷的需要，石粉和磷酸氢钙要微调。蛋氨酸的不足可以通过添加合成蛋氨酸的方法得到解决，增加石粉和磷酸氢钙，添加蛋氨酸使得日粮总百分数超过 100%，可以相应降低玉米的比例，以使日粮的总百分数达到 100%，这将使能量含量进一步降低。

试差法饲料配方的设计计算比较通俗易懂，但配方的细微营养素的准确度稍差，尤其在成本计算时不够精确，如要精确设计与计算饲料配方可用线性目标规划进行。

第三章
鸡的孵化技术

孵化是鸡繁殖的一种特殊方法。鸡的繁殖方法与其他家畜不同，鸡的胚胎期是在母体以外完成的，必须由母鸡抱孵或人工孵化才能完成。

一、胚胎发育

鸡的胚胎发育与哺乳动物不同，它依赖种蛋中储存的营养物质，而不从母体血液中获取营养物质。另外，鸡的胚胎发育分为母体发育和母体外发育两个阶段，正因为有母体外发育阶段，才使人工孵化能够实行产业化生产。

1.早期胚胎发育

鸡成熟的卵细胞在输卵管内受精后形成受精卵大约需要经过 24 小时，才能形成完整的鸡蛋通过输卵管产出体外。由于鸡的体温为 40.6～41.7℃，适合胚胎发育。因此，受精卵在体内形成鸡蛋的过程中已经开始发育。实际上鸡的种蛋整个孵化过程需要 22 天，其中 1 天是在母体内，21 天在母体外进行。

当蛋还在母鸡体内时，囊胚发育成具有外胚层、内胚层两个胚层的原肠期。鸡蛋产出体外后，胚胎发育暂时停止。剖视受精蛋，在卵黄表面肉眼可见形似圆盘状的胚盘，而未受精的蛋黄表面只见一

白点。

2.孵化过程中的胚胎发育

种蛋获得适合的条件后，可以重新开始继续发育，并很快形成中胚层。机体的所有组织和各个器官都由3个胚层发育而来，中胚层形成肌肉、骨骼、生殖泌尿系统、血液循环系统、消化系统的外层和结缔组织；外胚层形成羽毛、皮肤、喙、趾、感觉器官和神经系统；内胚层形成呼吸系统上皮、消化系统的黏膜部分和内分泌器官。

(1)胚胎的发育生理

①胚膜的形成及其功能。胚胎发育早期形成4种胚膜，即卵黄囊、羊膜、浆膜(也称绒毛膜)、尿囊，这几种胚膜虽然都不形成鸡体的组织或器官，但是它们对胚胎发育过程中的营养物质利用和各种代谢等生理活动的进行是必不可少的。

卵黄囊：卵黄囊从孵化的第2天开始形成，到第9天几乎覆盖整个蛋黄的表面。卵黄囊由卵黄囊柄与胎儿连接，卵黄囊上分布着稠密的血管，卵黄囊分泌一种酶，这种酶可以将蛋黄变成可溶状态，从而使蛋黄中的营养物质可以被吸收并输送给发育中的胚胎。在出壳前，卵黄囊连同剩余的蛋黄一起被吸收进腹腔，作为初生雏禽暂时的营养来源。

羊膜与浆膜：羊膜在孵化的30～33小时开始出生，首先形成头褶，随后头褶向两侧延伸形成侧褶，40小时覆盖头部，第3天尾褶出现。第4～5天由于头、侧尾褶继续生长的结果，在胚胎背上方相遇合并，称羊膜脊，形成羊膜腔，包围胚胎。羊膜褶包括两层胎膜，内层靠胚胎，称羊膜，外层紧贴在内壳膜上，称浆膜或绒毛膜。而后羊膜腔充满透明的液体(羊水)，胚胎就漂浮于其中，这些液体起保护胚胎免受震动的作用。绒毛膜与尿囊膜融合在一起，帮助尿囊膜完成其代谢功能。

尿囊：孵化第2天末到第3天开始形成，第4天至第10天迅速生长，第 6 天到达壳膜的内表面。孵化的第 10～11 天时包围整个蛋的内容物，并在蛋的锐端合拢起来。尿囊膜可起循环系统的作用；可充氧于胚胎的血液，并排出血液中的二氧化碳；可将胚胎肾脏产生的排泄物排到尿囊中；帮助消化蛋白，并帮助从蛋壳吸收钙。

②胚胎血液循环的主要路线。早期鸡胚的血液循环有 3 条主要路线，即卵黄囊血液循环、尿囊绒毛膜血液循环和胚内循环。

卵黄囊血液循环：它携带血液到达卵黄囊，吸收养料后回到心脏，再送到胚胎各部位。

尿囊绒毛膜血液循环：从心脏携带二氧化碳和含氮废物到达尿囊绒毛膜，排出二氧化碳和含氮废物，然后吸收氧气和养料回到心脏，再分配到胚胎各部位。

胚内循环：从心脏携带养料和氧气到达胚胎各部，而后从胚胎各部将二氧化碳和含氮废物带回心脏。

(2)胚胎发育过程　胚胎发育过程相当复杂，鸡的胚胎发育主要特征如下所述。

第 1 天，在入孵的最初 24 小时，即出现若干胚胎发育过程。入卵经过 4 小时心脏和血管开始发育；12 小时心脏跳动，胚胎血管和卵黄囊血管连接，从而开始了血液循环；16 小时体节形成，有了胚胎的初步特征，体节是脊髓两侧形成的众多块状结构，以后产生骨骼和肌肉；18 小时消化道开始形成；20 小时脊柱开始形成；21 小时神经系统开始形成；22 小时头开始形成；24 小时眼开始形成。中胚层进入暗区，在胚盘的边缘出现许多点，称“血岛”。

第 2 天，经过 25 小时耳、卵黄囊、羊膜、绒毛膜开始形成，胚胎头部开始从胚盘分离出来，照蛋时可见卵黄囊血管区形似樱桃，俗称“樱桃珠”。

第 3 天，经过 60 小时鼻开始发育；62 小时腿开始发育；64 小时翅开始形成，胚胎开始转向成为左侧下卧，循环系统迅速增长。照蛋时可见胚和延伸的卵黄囊血管形似蚊子，俗称“蚊虫珠”。

第 4 天，舌开始形成，机体的器官都已出现，卵黄囊血管包围蛋黄达 1/3，胚胎和蛋黄分离。由于中脑迅速增长，胚胎头部明显增大，胚体更为弯曲。胚胎与卵黄囊血管形似蜘蛛，俗称“小蜘蛛”。

第 5 天，生殖器官开始分化，出现了两性的区别，心脏完全形成，面部和鼻部也开始有了雏形。眼的黑色素大量沉积，照蛋可明显看到黑色的眼点，俗称“单珠”或“黑眼”。

第 6 天，尿囊达到蛋壳膜内表面，卵黄囊分布在蛋黄表面的 1/2 以上，由于羊膜壁上平滑肌的收缩，胚胎有规律地运动。蛋黄由于蛋白水分的渗入而达到最大的重量，由原来的约占蛋重的 30%增至 65%。喙和“卵齿”开始形成，躯干部增长，翅和腿已可区分。照蛋时可见头部和增大的躯干部两个圆点，俗称“双珠”。

第 7 天，胚胎出现鸟类特征，颈伸长，翼和喙明显，肉眼可分辨机体的各个器官，胚胎自身有体温，照蛋时胚胎在羊水中不容易看清，俗称“沉”。

第 8 天，羽毛按一定羽区开始发生，上下喙可以明显分出，右侧蛋巢开始退化，四肢完全形成，腹腔愈合。照蛋时胚胎在羊水中浮游，俗称“浮”。

第 9 天，喙开始角质化，软骨开始硬化，喙伸长并弯曲，鼻孔明显，眼睑已达虹膜，翼和后肢已具有鸟类特征。胚胎全身被覆羽乳头，解剖胚胎时，心脏、肝脏、胃、食道、肠和肾脏均已发育良好，肾脏上方的性腺已可明显区分出雌雄。

第 10 天，腿部鳞片和趾开始形成，尿囊在蛋的锐端合拢。照蛋时，除气室外整个蛋布满血管，俗称“合拢”。

第 11 天，背部出现绒毛，冠出现，呈锯齿状，尿囊液达最大量。

第 12 天，身躯覆盖绒羽，肾脏、肠开始有功能，开始用喙吞食蛋白，蛋白大部分已被吸收到羊膜腔中，从原来占蛋重的 60%减少至 19%左右。

第 13 天，身体和头部大部分覆盖绒毛，胫出现鳞片，照蛋时，蛋的小头发亮的部分随胚龄增加而逐渐减少。

第 14 天，胚胎发生转动，同蛋的长轴平行，其头部通常朝向蛋的大头。

第 15 天，翅已完全形成，体内的大部分器官大体上都已形成。

第 16 天，冠和肉髯明显，蛋白几乎全被吸收到羊膜腔中。

第 17 天，肺血管形成，但尚无血液循环，表示开始肺呼吸。羊水和尿囊也开始减少，躯干增大，脚、翅、胫变大，眼、头日益显小，两腿紧抱头部，蛋白全部进入羊膜腔。照蛋时，蛋的小头看不到发亮的部分，俗称“封门”。

第 18 天，羊水、尿囊液明显减少，头弯曲在右翼下，眼睛开始睁开，胚胎转身，喙朝向气室，照蛋时气室倾斜。

第 19 天，卵黄囊收缩，连同蛋黄一起缩入腹腔内，喙进入气室，开始肺呼吸。

第 20 天，卵黄囊已完全吸收到体腔，胚胎占据了除气室之外的全部空间，脐部开始封闭，尿囊血管退化。雏鸡开始大批啄壳，啄壳时，上喙尖端的破壳齿在近气室处凿一圆的裂孔，然后沿着蛋的横径逆时针敲打至周长 2/3 的裂缝，此时雏鸡用头颈顶，两脚用力蹬挣，接着大量出雏。在孵出 8 天后，颈部的破壳肌萎缩，破壳齿也自行脱落。

第 21 天，雏鸡破壳而出，绒毛干燥蓬松。

(3)胚胎发育过程中的物质代谢　发育中的鸡胚需要水、能量、蛋白质、矿物质、维生素、碳水化合物、脂肪和氧气等作为营养物质，才能完成正常发育。

①水。蛋内的水分随孵化期的递增而逐渐减少，一部分被蒸发，其余部分进入蛋黄，形成羊水、尿囊液以及胚胎体内水分。蛋黄内的水分从孵化的第 2 天开始增加，6～7 天达到最大量，从第 1 天的 30％增至 64.4％。水分来源于蛋白，所以蛋白含水量从 54.4％降至 18.4％，变成浓稠的胶状物，约 12 天后水分重新进入蛋白，蛋黄恢复

原重，蛋白变稀，以便经羊膜道进入羊膜腔。整个孵化期损失的水分约占蛋重的15%～18%。

②能量。胚胎发育所需要的能量来自蛋白质、碳水化合物和脂肪，但不同胚龄的胚胎对这些营养物质的利用不同。碳水化合物是胚胎发育早期的能量来源，而后利用碳水化合物和蛋白质。脂肪的利用是在孵化的第7～11天，胚胎将脂肪变成糖加以利用，17天后脂肪被大量利用。第10天胰脏分泌胰岛素，从第11天起，肝脏内开始储存肝糖原。蛋内1/3的脂肪在胚胎发育过程中耗掉，2/3储存在雏鸡体内。

③蛋白质。蛋内的蛋白质约47%存于蛋白，约53%存于蛋黄，它是形成胚胎组织器官的主要营养物质。在胚胎发育过程中蛋白及蛋黄中的蛋白质锐减，而胚胎体内的各种氨基酸渐增。在蛋白质代谢中，分解出的含氮废物由胚内循环带到心脏，经尿囊绒毛膜血管循环排泄到尿囊腔中。第1周胚胎主要排泄尿素和氨，从第2周起排泄尿酸。

④矿物质。在胚胎的代谢中，钙是最重要的矿物质，它从蛋壳中转移至胚胎中。蛋内容物和胚胎中的钙含量自孵化的第12天起显著上升。胚胎发育还需要另一些矿物质，如磷、镁、铁、钾、钠、硫、氮等，其来源主要是蛋内容物。在许多情况下，种母鸡日粮中矿物质缺乏，会使蛋中矿物质的含量满足不了胚胎发育所需。

⑤维生素。维生素是胚胎发育不可缺少的营养物质，主要是维生素A、维生素B_2、维生素B_{12}、维生素D_3和泛酸等，这些维生素全部来源于种鸡所采食的全价饲料，如果饲料中的含量不足，会影响蛋内含量，极容易引起胚胎早期死亡或破壳难而闷死于壳内。维生素不足也是造成残雏、弱雏的主要原因。

(4)气体交换　胚胎在发育过程中，不断进行气体交换。孵化最初6天，主要通过卵黄囊血液循环供氧，以后尿囊绒毛膜血循环达到蛋壳内表面，通过它由蛋壳上的气孔与外界进行气体交换。到10天后，气体交换才趋于完善。第19天以后，胚雏开始肺呼吸，直接于外界进行气体交换。鸡胚在整个孵化期需氧气 4～4.5 升，排出二氧化碳 3～5 升。

二、种蛋的管理

1.种蛋的选择

种蛋的品质直接关系到孵化率的高低，初生雏的品质、生活力和生产性能。

①种蛋应来自饲养管理正常、健康无病、高产的良种场。

②种禽群的受精率应在 85%以上。

③种蛋品质要新鲜，种蛋的保存期要短，一般以产后 1 周内为合适，以 3～5 天为最好，2 周以上的种蛋不宜孵化。

④种蛋的形状和大小要合适。过长过圆的种蛋不宜孵化，长形蛋气室小，在孵化后期发生空气不足而窒息或胚胎不易转身而死亡。蛋的重量要求与品种要求一致，过小则孵出的雏鸡小，过大则孵化率低。

⑤蛋壳的结构要正常，破损蛋、蛋壳过薄、壳面粗糙的“沙皮蛋”、蛋壳过于坚硬的“钢皮蛋”都不能用来孵化。

⑥蛋壳的表面要清洁，过脏的种蛋易被细菌污染且容易腐败，并造成种蛋的孵化率降低。

2.种蛋的消毒

种蛋产出后，很容易受细菌、病毒的污染。据研究，新生的蛋，蛋壳的细菌数为 100～300 个，15 分钟后为 500～600 个，1 小时后为 4000～5000 个。通过种蛋可以垂直传播许多疾病，如传染性脑脊髓炎、淋巴细胞白血病、病毒性关节炎、传染性喉气管炎、产蛋下降综合症、包涵体肝炎、鸡白痢、鸡伤寒、霉形体病、大肠杆菌病等，所以种蛋必须进行消毒，主要包括集蛋消毒、入孵消毒、落盘消毒等。目前常

用的消毒方法主要是熏蒸消毒，具体熏蒸消毒的种类与方法如下：

①用福尔马林和高锰酸钾熏蒸。将种蛋置密闭容器内，温度保持在 25～27℃，相对湿度为 75%～80%，按每立方米的容积用福尔马林 28 毫升、高锰酸钾 14 克，熏蒸消毒 20～30 分钟，熏蒸后要尽快排出室内气体。

②用过氧乙酸熏蒸。按每立方米空间用 16%的过氧乙酸溶液 50 毫升、高锰酸钾 5 克，放入陶瓷或搪瓷容器内，熏蒸 15～20 分钟后进行通风换气，可快速、有效地杀死大部分病原体。

3.种蛋的保存

(1)种蛋保存的适宜温度　虽然种蛋孵化的适宜温度为 37.5～37.8℃，但是胚胎发育的阈值温度为 23.9℃，超过这个温度胚胎就开始发育，低于这个温度胚胎就停止发育。如果种蛋储存 1 周之内，要求种蛋库的保存温度是 15～18℃；如果种蛋保存一周以上，则要求蛋库的储存温度更低，在 12～15℃保存时孵化效果所受影响最小。种蛋保存期间应保持温度的相对恒定，最忌温度忽高忽低。

(2)种蛋保存的适宜相对湿度　种蛋保存期间，蛋内水分通过气孔不断蒸发，蒸发的速度与周围环境湿度有关。环境湿度越高，蛋内水分蒸发越慢。种蛋库的相对湿度一般要求为 75%～80%，较为适宜。

(3)种蛋储存时间　在 15～18℃的储存条件下，种蛋储存 5 天之内对孵化率和雏鸡质量无明显影响，但是超过 7 天孵化率会有明显下降，超过 2 周的种蛋孵化的价值就不大了。

(4)种蛋保存期间的注意事项

①种蛋放置的位置。一般要求种蛋在储存期间大头向上，小头向下，这样有利于种蛋存放和孵化时的种蛋码放处理。

②转蛋。如果种蛋保存时间不超过 1 周，在储存期间不用转蛋。保存 2 周时间，在储存期间需要每天将种蛋翻转 90°，以防系带松弛、

蛋黄贴壳，减少孵化率的降低程度。

③防止种蛋上的水汽凝结。当种蛋由种蛋库移出运至码盘室时，由于码盘室的温度较高，温差较大，造成蛋壳表面出现水蒸气凝结，形成水滴，俗称“冒汗”。种蛋“冒汗”不仅不利于操作，而且容易受细菌污染。注意不要用甲醛熏蒸有水汽的种蛋，否则将会造成严重的甲醛伤害。

三、孵化的条件

1. 温度

温度是鸡胚胎发育最主要的条件，对胚胎的生长发育、生活力和孵化率有着决定性的作用。鸡蛋孵化时的平均适宜温度是37.8℃，范围为37～39.5℃。整个孵化过程中温度不变，直到落盘为止，落盘时的温度降低0.5℃左右。孵化室的温度要求平稳，应控制在22～26℃。在整个孵化过程中，一定要严格掌握温度，过高过低，都会影响胚胎的发育，严重时会造成鸡胚死亡。

2. 湿度

胚胎对湿度的适应范围较宽，但孵化器内的湿度过高或过低，都会破坏蛋内水分的正常代谢。湿度过高，蛋内水分不能正常蒸发，胚胎发育受影响，孵出的雏鸡肚大无精神；湿度过低，蛋内水分蒸发快，胚胎和胎膜容易粘连在一起，影响胚胎的正常发育和出雏，孵出的雏鸡干瘦、毛短、毛梢发焦，并粘有蛋壳膜。在孵化前期和中期，相对湿度一般为55%～60%，后期(落盘时)应提高湿度，一般为70%左右。出雏时在足够的湿度和空气中二氧化碳的作用下，能使蛋壳的碳酸钙变为碳酸氢钙，蛋壳随之变软，有利于雏鸡破壳。

3.通风

胚胎在发育过程中,不断吸收氧气和排出二氧化碳等代谢物质。为保持胚胎正常的气体代谢,必需供给新鲜空气。孵化器内种蛋周围空气中二氧化碳含量不得超过0.5%,二氧化碳达1%时,胚胎发育迟缓,死亡率增高,出现胎位不正和畸形等现象。所以孵化器内必须安有风扇和通气孔,保持孵化器内空气新鲜,风速正常。一般来说,要能保持正常的温度与湿度,机内的通气愈畅通愈好。

4.入孵位置

种蛋必须保持钝端朝上,其目的使气室保持正常的位置,减少胚胎异位,有利于胚胎发育,可以提高入孵量。但落盘时,应使种蛋平放以利于出壳和便于孵化管理。

5.翻蛋

翻蛋是提高孵化率的重要措施。试验证明:整个孵化期不翻蛋,孵化率仅29%,适当翻蛋,则可提高到90%以上。在孵化过程中,每隔2~4小时翻蛋一次,翻蛋角度必须达到90°,不小于45°,带有自动装置的孵化器每隔1~2小时翻蛋一次,落盘后停止翻蛋。

翻蛋的目的:

①翻蛋可避免胚胎与蛋壳膜粘连而产生死亡。

②翻蛋可使胚胎各部受热均匀,供应新鲜空气,有利于胚胎发育。

③翻蛋有利于胚胎的运动,保证胎位处于正常位置。

④翻蛋有利于营养的吸收,保证胚胎的正常发育。

6.凉蛋

凉蛋多用于变温孵化,特别是鸭蛋、鹅蛋脂肪含量高,孵化至

16～17天后，由于脂肪代谢增强，蛋温急剧增高，对新鲜空气的需要量也大大增加，必须向外排出过剩的体热和保持足够的空气量，因此要进行晾蛋，加强通风。

凉蛋的目的：

①有助于胚胎排出大量多余的生理热，保持脂肪代谢处于一定水平。

②排除蛋内污浊的空气，促进气体代谢。

③用较低的温度能刺激胚胎发育，增强雏鸡对外界气温的适应能力，提高种蛋孵化率和雏鸡的品质。

鸡胚孵化至 18 天后，每天可以打开机门 2 次，将盛满种蛋的蛋盘从蛋架上抽出 2/3 多一些，在机外进行降温冷却，直到用眼皮感觉不到种蛋的热烫，有些温或凉的感觉，这时种蛋的温度降低达到了要求，然后喷上 40℃的温水，再送入机内。凉蛋的时间一般是 20～30 分钟，少者 15～20 分钟，多者 40～50 分钟。

现代机器孵化，采用流水作用，通过加强通风，也可不必凉蛋。

7.孵化期

鸡的孵化期一般是 21 天，孵化期还受许多因素的影响，一般情况下小蛋比大蛋的孵化期要短些，种蛋保存时间长孵化期也相应延长，孵化过程中温度偏高则孵化期相应缩短。

表 3-1 给出鸡及其他家禽的孵化期。

表 3-1　各种家禽的孵化期

家禽种类	孵化期(天)	家禽种类	孵化期(天)
鸡	21	火鸡	27～28
鸭	28	珍珠鸡	26
鹅	30～33	鸽	18
瘤头鸭	33～35	鹌鹑	16～18

四、孵化的方法

1.孵化前的准备

孵化前对孵化室和孵化器要做好检修、消毒及试温工作。

(1)检修　电热、风扇、电动机的效力，孵化器的严密程度，调节器和温度计的准确性等均需检修或校正后方可使用，最好有备用发电机。

(2)消毒　孵化室的地面、墙壁、孵化器及其附件均应彻底消毒，以保证雏鸡不受疾病感染，可用药液消毒或福尔马林熏蒸消毒。

(3)试温　一般孵化室的温度应保持在22～24℃，室内湿度应保持在55%～60%，孵化前三天，需对孵化器进行试温、观察。只有当调节器灵敏、温度稳定，一切机件运转正常时，才可入孵。

2.上蛋

种蛋入孵前，需要进行温度平衡(预热)，将需要预热的种蛋移入孵化室进行温度平衡，时间在12小时左右。上蛋的时间最好是在下午4点以后，这样出雏的时间主要集中在白天。上蛋时对蛋盘要进行编号，插放记录卡片，标明品种、孵化日期、数量、批次等，分批上蛋时，新老种蛋的位置应相互交错，一般5～7天上蛋一次。

3.孵化器的日常管理

由于立体孵化器构造已经机械化、自动化，机器的管理非常简单，主要应注意以下几点：

(1)温度调节　在孵化过程中，最好每隔0.5～1小时查看一次温度计，每2小时记录一次。温度的调节一般都以门表的温度为依据。不同的上蛋制度，温度的调节方法不同。

①“全进全出”入孵制。即整批入孵，可采用变温孵化。根据胚

胎发育的不同阶段,进行温度调整。适宜的孵化温度一般为:1～7日龄为39.4～38.9℃,8～18日龄为38.3～37.8℃,19～21日龄为37.5～37.2℃。整个孵化期的温度呈“前高、中平、后低”的趋势。

②分批入孵制。宜采用恒温孵化。最适宜的温度是:1～18天为37.8℃,19～21天为37.3℃。在正常情况下,机内温度偏于规定温度的0.5～1℃时,应进行调节。调整温度还应该根据胚胎实际情况进行调节,一般情况下胚胎发育过快说明孵化温度偏高,可适当降低;反之,则说明孵化温度偏低。根据胚胎发育的实际情况进行温度调整是温度调节的最基本原则。

(2)湿度调节 每隔2小时查看一次湿度计,并记录一次。

①对非自动调湿的孵化器,每天要定时往水盘加温水,根据湿度高低调节水盘的数量和水温的高低,以保证适宜的湿度。

②先进的孵化器具有自动调湿装置,当机内偏离规定的湿度范围时,自动报警,自动调节水分的蒸发,但应经常检查调湿装置及其灵敏度。

4.翻蛋及机器运转情况

目前机器孵化多是自动翻蛋,一般控制每隔1～2小时翻蛋一次。平时要注意观察机器的运转情况是否正常。

5.照蛋

照蛋的目的是检查胚胎发育是否正常,以便及时剔除无精蛋和死胚蛋。照蛋是检查孵化效果最常用的也是最主要的方法,它是通过光线透视来了解胚胎的发育情况,一般可在暗室或暗箱内利用日光或灯光检查,采用的工具是照蛋器或照蛋箱。

一般来说,整个孵化期每批种蛋应定期照蛋2～3次。第1次照蛋在胚胎发育的第5～6天,也称“头照”;第2次照蛋在第10～11天;第3次在第18天。一般中小型规模的孵化厂,第2次照蛋可进

行部分抽查；大型孵化厂由于照蛋工作量大，一般只进行一次头照。除定期按要求照蛋外，每天还应随机地从孵化器中抽出20～30枚种蛋进行检查，以便于看胎施温。

(1)第1次照蛋　在入孵后的第5～6天进行第1次照蛋。

①发育正常胚胎。发育正常胚胎，可以明显地看到1个或2个黑色圆点，有许多血管从胚胎分布出来，血管网鲜红。

②无精蛋。头照时，只能看到蛋内浅黄色的蛋黄悬浮在蛋的中间，四周蛋白透明，看不到血管。

③死胚蛋。头照时，蛋内多呈无规律的血环或血线，无血管扩散，蛋黄颜色较淡，有时可见到一个小黑点(死胚)。

④弱胚蛋。头照时，胚体小，黑点不明显或看不到，血管纤细，颜色稍淡，血管扩散面小。

(2)第2次照蛋　在入孵后的第10～11天进行第2次照蛋。

①发育正常胚胎。尿囊上的血管已合拢，透视时，整个蛋面已布满血管，看不到蛋白。

②死胚蛋。能看到蛋的两端呈灰白色，中间漂浮着暗灰色的死胚，或者沉落一边，血管不明显或破裂，胚胎放到室内很快变凉，与活胚胎相比有明显的温差。

③弱胚蛋。尿囊的血管尚未合拢，透视时，蛋的钝端淡白。

(3)第3次照蛋　在入孵后的第18天进行第3次照蛋。

①发育正常胚胎。除气室以外，胚胎已占满蛋的全部面积，气室边界弯曲，血管粗大，有时可见胎动与闪动的羽毛。

②死亡胚胎。胚胎变得灰暗，蛋表面发凉，看不清暗红色的血管，气室小而不倾斜，边界模糊，蛋的锐端颜色是淡色的。

③弱胚蛋。气室较小，边界整齐，可见到红色的血管，小头发亮。

6. 落盘(移蛋)

鸡蛋在孵化到18～19日龄时，将种蛋移到出雏器中，此过程称之为“落盘”(移蛋),此后停止翻蛋,增加湿度,降低温度。落盘的最适宜时间一般在气室已很弯曲、下部黑暗、见有喙的阴影时。

7.出雏的处理

落盘后满20天就开始出雏,此时关闭孵化器内的照明灯,保持安静,有利于出雏。出雏期间,视出雏情况,每隔4小时捡出蛋壳和绒毛已干的雏鸡一次,以利于继续出雏。但不可经常打开机门,而导致温度、湿度降低,影响出雏。每次捡出的雏鸡放到雏鸡箱或雏鸡筐内,然后置于22～25℃的暗室中,使雏鸡充分休息,准备接运。

8.停电措施

当没有发电机时,如果长时间停电,就需要生火炉,使室内温度达37℃左右,打开全部机门和上、下气孔,每隔半小时或1小时翻蛋一次,保证上下部种蛋受热均匀,同时在地面喷洒热水,以调节湿度。

五、孵化效果的分析

1.胚胎死亡原因的分析

(1)孵化期胚胎死亡的分布规律　胚胎死亡在整个孵化期不是平均分布的,而是存在着两个死亡高峰。第1个高峰在孵化前期,鸡胚在孵化前3～5天容易出现死亡;第2个高峰出现在孵化后期(第18天后)。第1个死亡高峰死胚率约占全部死胚数的15%,第2个死亡高峰约占50%。对高孵化率鸡群来讲,鸡胚多死亡于第2个高峰期,而低孵化率鸡群第1个和第2个高峰期的死亡率大致相似。

(2)胚胎死亡高峰的一般原因　第1个死亡高峰正是胚胎生长迅速、形态变化显著时期,各种胎膜相继形成而作用尚未完善。胚胎对外界环境的变化是很敏感的,稍有不适胚胎发育便受阻,以至夭折。种蛋储存不当,降低胚胎活力,也会造成死亡。另外,种蛋储存

期使用过量甲醛熏蒸就会增加第1期死亡率，维生素A缺乏也会在这一时期造成重大影响。第2个死亡高峰正处于胚胎从尿囊绒毛膜呼吸过渡到肺呼吸时期。胚胎生理变化剧烈，需氧量剧增，其自温产热猛增。对孵化环境要求高，若通风换气、散热不好，势必有一部分本来较弱的胚胎死亡。另外，由于蛋的位置放置不对，如不是大头向上，也会使雏鸡因姿势异常而不能正常出雏导致死亡。另外，如果有传染性胚胎病，也会增加死亡率。

孵化率高低受内部和外部两方面因素的影响。影响胚胎发育的内部因素是种蛋内部品质，它们是由遗传和饲养管理所决定的。外部因素包括入孵前的环境（种蛋保存）和孵化中的环境（孵化条件）。内部因素对第1个死亡高峰影响大，外部因素对第2个死亡高峰影响大。

2.影响孵化效果的因素

影响鸡种蛋孵化效果的因素主要是种鸡质量、种蛋管理和孵化条件。种鸡质量和种蛋管理决定入孵前的种蛋质量，是提高孵化率的前提。只有入孵来自优良种鸡、供给营养全面的饲料、精心管理健康种鸡的种蛋，并且种蛋管理得当，孵化技术才有用武之地。在实际生产中，种鸡饲料营养和孵化技术对孵化效果的影响较大。

(1)营养对孵化效果的影响　营养缺乏或毒素既影响产蛋率，又影响孵化率，具体影响效果详见表3-2，影响的程度随营养缺乏或毒素的含量而变化。但是有一点可以区分到底是营养缺乏造成的影响，还是其他原因造成的影响，这就是营养缺乏造成的影响往往来得慢，但是持续时间长，而孵化技术或疾病造成的影响一般是突发性的，采取措施可以较快恢复。

表 3-2 营养缺乏对孵化率的影响

营养成分	缺乏症状
维生素 A	血液循环系统障碍，孵化 48 小时时发生死亡，肾脏、眼和骨骼异常，未能发生正常的血管系统
维生素 D_3	在孵化的 18～19 天时发生死亡，骨骼异常突起，造成蛋壳中缺钙以致雏鸡发育不良和软骨
维生素 E	由于血液循环障碍及出血，在孵化的 48～96 小时发生早期死亡现象，渗出性素质症（水肿），伴有 1～3 天期间高死亡率，单眼或双眼突出
维生素 K	在孵化 18 天至出雏期间因出血而死亡；出血及胚胎和胚外血管中有血凝块
硫胺素	应激情况下发生死亡，除了存活者表现神经炎外，其他无明显症状
核黄素	在孵化的 60 小时、14 天及 20 天时死亡严重，雏鸡水肿，绒毛结节，随缺乏程度加深更为严重
烟酸	胚胎可以从色氨酸合成足够的烟酸，当有拮抗剂存在时，骨骼和喙发生异常
生物素	在孵化的 19～21 天发生较高死亡率，胚胎呈鹦鹉嘴，软骨营养障碍及骨骼异常等，长骨短缩，腿骨、翼骨和颅骨缩短并扭曲，第 3、第 4 趾间有蹼，鹦鹉喙，1～7天和 18～21 天期间大量死亡
泛酸	在孵化第 14 天出现死亡，各种皮下出血及水肿等，长羽异常，未出壳胚胎皮下出血
吡哆醇	当使用抗生素制剂时，发生胚胎早期死亡
叶酸	在孵化 20 天左右发生死亡，死胎表现似乎正常但颈骨弯曲，趾及下腭骨异常，孵化 16～18 天发生循环系统异常等；同生物素缺乏时症状相似，18～21 天死亡率高
维生素 B_{12}	在孵化约 20 天发生死亡，腿萎缩、水肿、出血，器官脂化，大量胚胎头处于两腿之间，水肿，短喙，弯趾、肌肉发育不良，8～14 天死亡率高
锰	突然死亡，软骨营养障碍，侏儒，长骨变短，头畸形，水肿及羽毛异常和突起等，18～21 天死亡率高，翼和腿变短，鹦鹉喙，生长迟滞，绒毛异常
锌	突然死亡，股部发育不全，脊柱弯曲，眼、趾等发育不良等，骨骼异常
铜	绒毛呈簇状；在早期血胚阶段死亡，但无畸形
碘	孵化时间延长，甲状腺缩小，腹部收缩不全
铁	低红细胞压积，低血红蛋白
硒	孵化率降低，皮下积液，渗出性素质（水肿），孵化早期胚胎死亡较高

(2)孵化技术对孵化效果的影响　孵化技术对孵化效果的影响是多方面的,详见表3-3。

表3-3　种蛋、鸡胚和出生雏生物学检查基本特征诊断一览表

原因		鲜鸡蛋	照蛋			死胎	初生雏
			5～6胚龄	10～11胚龄	19胚龄		
种蛋质量及其管理	维生素A缺乏	蛋黄淡白	无精蛋多,死亡率高(2～3天),色素沉着少	胚胎发育略为迟缓	发育迟缓,肾有磷酸钙、尿酸结晶沉淀物	眼肿胀,肾有磷酸钙等结晶沉淀物,有活胎无力破壳	出雏时间延长,有很多瞎眼、眼病的弱雏
	维生素B_2缺乏	蛋白稀薄,蛋壳表面粗糙	死亡率稍高,第1个死亡高峰出现在1～3胚龄	胚胎发育略为迟缓,9～14胚龄出现死亡高峰	死亡率增高,死胚有营养不良特征;软骨、绒毛卷缩呈结节状(珍珠毛)	胚胎有营养不良特征;躯体小,关节明显变形,颈弯曲,绒毛卷缩呈结节状(珍珠毛),脑膜浮肿	侏儒体型,雏鸡水肿,绒毛卷曲呈结节状(珍珠毛),颈和脚麻痹,趾弯曲(鹰爪)
	维生素D_3缺乏	壳薄而脆,蛋白稀薄	死亡率稍增加	尿囊发育迟缓,10～16胚龄出现死亡高峰	死亡率显著增高	胚胎有营养不良的特征;皮肤水肿,肝脏脂肪浸润,肾脏肥大	出雏时间拖延,初生雏软弱
	蛋白中毒	蛋白稀薄,蛋黄流动	—	—	死亡率增高,脚短,时而弯曲,"鹦鹉喙",蛋重减轻得多	胚胎营养不良,脚短而弯曲,腿关节变粗,"鹦鹉喙",绒毛基本正常	弱雏多,且脚和颈麻痹
	种蛋保存时间长	气室大,系带和蛋黄膜松弛	很多胚死于头两天,剖检时胚盘表面有泡沫	胚发育迟缓,脏蛋、裂纹被细菌污染,出现腐败蛋	鸡胚发育迟缓	—	出雏时间延长,绒毛黏有蛋白。出雏不集中,雏品质不一致

续表

原因		鲜鸡蛋	照蛋			死胎	初生雏
			5～6 胚龄	10～11 胚龄	19 胚龄		
种蛋质量及其管理	胚蛋受冻	很多蛋的外壳冻裂	头几天胚大量死亡，尤其是第 1 天，卵黄膜破裂	—	—	—	—
	运输不当	蛋壳破裂，气室流动，系带断裂	—	—	—	—	—
孵化管理过程因素	头两天过热	—	部分胚发育良好，畸形多，粘在壳上	—	头、眼和腭多见畸形	头、眼和腭多见畸形	出雏提前，多畸形，如无颅、无眼
	3～5 天过热	—	多数发育良好，亦有充血、溢血、异位现象	尿囊“合拢”提前	异位，心、肝和胃变态、畸形	异位，心和胃变态、畸形	出雏提前但拖延
	短期的强烈过热	—	胚干燥而粘在壳上	尿囊的血液呈暗黑色，且凝带	皮肤、肝、脑和肾有点状出血	异位，头弯于左翅下或两腿间。皮肤、心脏等有点状出血	出雏提前
	孵化后半期长时间过热	—	—	—	啄壳较早，内脏充血	破壳时死亡多，蛋黄吸收不良，卵黄囊、肠、心脏充血	出雏较早但拖延，雏弱小，粘壳，脐部愈合不良且出血，蛋壳内有血污

续表

<table>
<tr><th colspan="2" rowspan="2">原因</th><th rowspan="2">鲜鸡蛋</th><th colspan="3">照蛋</th><th rowspan="2">死胎</th><th rowspan="2">初生雏</th></tr>
<tr><th>5～6 胚龄</th><th>10～11 胚龄</th><th>19 胚龄</th></tr>
<tr><td rowspan="6">孵化管理过程因素</td><td>温度偏低</td><td>—</td><td>胚发育很迟缓，气室过大</td><td>胚发育很迟缓。尿囊充血，未“合拢”</td><td>胚发育很迟缓，气室边缘平齐</td><td>很多活胎但未啄壳，尿囊充血，心脏肥大，蛋黄吸入呈绿色，残留胶状蛋白</td><td>出雏晚且拖延，雏弱脐部愈合不良，腹大，有时下痢，蛋壳表面污秽</td></tr>
<tr><td>湿度过高</td><td>—</td><td>气室小</td><td>尿囊“合拢”迟缓，气室小</td><td>气室边缘平齐且小，蛋重减轻少</td><td>啄壳时洞口多黏液，喙黏在壳上，嗉囊、胃和肠充满黏性的液体</td><td>出雏晚且拖延，绒毛长且与蛋壳粘着，腹大软弱无力，脐部愈合不良</td></tr>
<tr><td>湿度偏低</td><td>—</td><td>胚死亡率大，充血并粘在壳上，气室大</td><td>蛋重损失大，气室大</td><td>蛋重损失大，气室大</td><td>外壳膜干黄并与胚胎黏着，破壳困难，绒毛干短</td><td>出雏早，雏弱小干瘪，绒毛干燥污乱发黄；雏鸡脱水</td></tr>
<tr><td>通风换气不良</td><td>—</td><td>死亡率增高</td><td>羊水中有血液</td><td>羊水中有血液，内脏充血，胎位不正</td><td>胚胎在蛋小头啄壳，多闷死壳内</td><td>雏鸡出雏不集中且品质不一致，雏不能站立，蛋白粘绒毛</td></tr>
<tr><td>转蛋不正常</td><td>—</td><td>卵黄囊粘在壳膜上</td><td>尿囊“合拢”不良</td><td>尿囊外有黏着性的剩余蛋白。</td><td>—</td><td>—</td></tr>
<tr><td>卫生条件差</td><td>—</td><td>死亡率增加</td><td>腐败蛋增加</td><td>死亡率增加</td><td>死胎率明显增加</td><td>雏软弱无力，脐部愈合不良、潮湿有异臭，脐炎</td></tr>
</table>

3.孵化效果不良的原因分析

造成孵化率低的因素很多，为了能够及时找到造成这种现象的原因，以便采取措施，使孵化率迅速恢复正常的水平，必须从孵化效果分析出具体的原因，然后结合孵化记录和种鸡的健康及产蛋情况，采取有效措施。表 3-4 给出了孵化过程中造成孵化率低的常见不良现象和原因，然后再结合有关记录和检验就可以分析出具体原因。

表 3-4　常见不良因素对孵化率的影响

不良现象	原　因
蛋爆裂	蛋脏，被细菌污染；孵化器脏
照蛋时清亮	未受精；甲醛熏蒸过度或种蛋储存过度，胚胎入孵前就已死亡
胚胎死于 2～4 天	种蛋储存太长；种蛋被剧烈震动；孵化温度过高或过低；种鸡染病
蛋上有血环，胚胎死于 7～14 天	种鸡日粮不当；种鸡染病；孵化器内温度过高或过低；供电故障，转蛋不当；通风不良，二氧化碳浓度过量
气室过小	种鸡日粮不当；蛋大；孵化温度过高
气室过大	蛋小；孵化 1～9 天期间湿度过低
雏鸡提前出壳	蛋小；品种差异(来航鸡出壳早)；温度计读数不准，孵化 1～19 天温度高或温度低
出壳延迟	蛋大；蛋储存时间长；室温多变；温度计不准，孵化 1～19 天温度低或湿度高；19 天后温度低
胚胎已发育完全，但喙未进入气室	种鸡日粮不当；孵化 1～10 天温度过高；孵化第 19 天温度过高
胚胎已充分发育，喙进气室后死亡	种鸡日粮不当；孵化器内空气循环不良；孵化 20～21 天期间温度过高或湿度过高
雏鸡在啄壳后死亡	种鸡日粮不当；致死基因；种鸡群染病；蛋在孵化时小头向上，蛋壳薄，头两周未转蛋；蛋移至出雏器太迟；孵化 20～21 天空气循环不良或二氧化碳含量过高；孵化 20～21 天温度过高或湿度过低；孵化 1～19 天温度不当
胚胎异位	种鸡日粮不当；蛋在孵化时小头向上，畸形蛋，转蛋不正常
蛋白粘连鸡身	移盘过迟；孵化 20～21 天温度过高或湿度过低；绒毛收集器功能失调
蛋白粘连初生绒毛	种蛋储存时间长；孵化 20～21 天空气流速过低，孵化器内空气循环不良；孵化 20～21 天温度过高或湿度过低；绒毛收集器功能失调

续表

不良现象	原　因
雏鸡个体过小	种蛋产于炎热天气;蛋小;蛋壳薄或沙皮;孵化 1～19 天湿度过低
雏鸡个体过大	蛋大;孵化 1～19 天湿度过高
不同孵化盘孵化率和雏鸡品质不一致	种蛋来自不同的鸡群,蛋的大小不同,种蛋储存时间不等,某些种鸡群遭受疾病或不良刺激;孵化器内空气循环不良
棉花鸡(鸡软)	孵化器内不卫生;孵化 1～19 天温度过低;孵化 20～21 天湿度过高
雏鸡脱水	种蛋入孵过早;20～21 天孵化期间温度过低;雏鸡出壳后在出雏器内停留时间过久
脐部收口不良、脐炎,潮湿有气味	鸡种日粮不当;20～21 天孵化期间温度过低,孵化器内温度发生很大变化;20～21 天孵化期间通风不良;孵化厂和孵化器不卫生
雏鸡不能站立	种鸡日粮不当;1～21 天孵化期间温度不当;1～19 天孵化期间湿度过高;1～21 天孵化期间通风不良
雏鸡跛足	种鸡日粮不当;1～21 天孵化期间温度不当;胚胎异位
弯趾	种鸡日粮不当;1～19 天孵化期间温度不当
八字腿	出雏盘太光滑
绒毛过短	种鸡日粮不当;1～10 天孵化期间温度过高
双眼闭合	20～21 天孵化期间温度过高;20～21 天孵化期间湿度过低;出雏器内绒毛飞扬,绒毛收集器功能失调

第四章 雏鸡的饲养管理技术

雏鸡的饲养管理简称"育雏"。育雏期是指小鸡出壳后到脱温前需要人工给温的阶段,一般为0～6周龄。育雏是一项细致而重要的工作。育雏的成败不仅影响雏鸡的生长发育,若是蛋鸡或种鸡还会影响以后成年鸡的产蛋性能和种用价值,也直接影响着养鸡的经济效益。因此,必须重视育雏工作。

如何才能养好雏鸡呢?概括说来,必须根据雏鸡的生理特点,进行科学的饲养和精心的管理,满足雏鸡生长发育的营养需要,给雏鸡创造一个适宜的生活环境。

一、雏鸡的生理特点

(1)雏鸡生长发育极为迅速 蛋鸡6周龄时,体重增加10倍;肉鸡6周龄时,体重增加40～50倍。因此,在配制雏鸡饲料时,要力求营养完善,以满足其快速生长的需要。雏鸡生长发育快,新陈代谢旺盛,育雏室的空气要保持新鲜。

(2)雏鸡的体温调节机能较弱 雏鸡在10日龄以前体温要比成年鸡低3℃左右,10日龄以后到3周龄才逐渐恒定到正常体温。刚出壳的小鸡个体小,绒毛稀,保温防寒能力较弱。要让雏鸡健康成长,必须创造或提供一个适宜的环境温度。

(3)雏鸡胃肠容积小,消化能力差 由于雏鸡生长速度很快,因

此雏鸡的饲料在力求营养丰富、全价的基础上，要易消化吸收，粗纤维含量不能高。

(4)雏鸡的胆子小，易惊群 外界环境稍有变动都会引起雏鸡的应激反应。育雏舍内的各种音响、各种新奇的颜色或有生人进入都会引起雏鸡群骚乱不安，影响生长，甚至突然受惊而相互挤压致死。因此，育雏舍内务必要保持环境安静，育雏人员不要经常更换。

(5)没有自卫能力，容易受到外界不良因素影响而死亡 雏鸡容易被踩死、压死、碰死，易受鼠、猫、狗、蛇等侵害，在管理上要处处小心，育雏室要有防卫不良因素侵害的设备。

(6)抗病能力差 雏鸡免疫机能尚未发育成熟，很容易受到各种微生物的侵袭，感染一些疾病，如新城疫、鸡白痢、球虫病、法氏囊病、慢性呼吸道病和大肠杆菌病等。因此，要搞好育雏舍内的环境卫生工作，严格执行兽医防疫制度，要及时使用疫苗、药物，预防和控制疫病的发生。

二、育雏前的准备工作

在雏鸡出壳前或购运雏鸡前，必须提前做好以下几方面的准备工作。

(1)育雏人员的配备 育雏工作是一项艰苦而又细致的工作，作为育雏人员必须有高度的责任心和事业心，最好还要经过专门的技术培训，掌握一定的育雏技术。

(2)制定育雏计划 育雏计划应包括育雏时间、育雏方式、雏鸡的品种和数量、雏鸡的来源、饲料的配制及其数量、防疫程度、用药计划和预期达到的育雏效果，防止盲目生产等。

(3)房舍的维修整理 育雏室必须保温良好、不透风、不漏雨、不潮湿。育雏前要进行全面维修，然后进行彻底打扫、整理，保持育雏室卫生、干净。

(4)准备用具 育雏室的主要用具是料槽和饮水器。不同日龄的鸡对食槽长度的要求不一样:3周龄内每只雏鸡占有4厘米长度的槽位,4～8周龄内每只占有6厘米长度的槽位。一个直径40厘米的圆形料桶可喂雏鸡20～30只,可喂育成鸡8～12只,料槽的高度要求与鸡背等高。雏鸡对水槽的要求是每只雏鸡最好有2厘米的饮水位置,每个塔形饮水器可供50～60只雏鸡饮用,水槽的高度应略高于食槽。

(5)安装取暖设备 安装取暖设备的方法很多,主要有:两用炉烧煤加温、电热板加温、电热保温伞、红外灯取暖、燃气炉加温、热水管式加温和火炕育雏等。

(6)垫料的准备 平面育雏需要有足够的垫料。垫料一般要求松软、干燥、清洁、吸水性强。在使用之前要暴晒,发霉的垫料绝对禁止使用。垫料的种类可因地制宜,常用的垫料有木屑、刨花、轧碎的秸秆(麦草、稻草、玉米秸等)。垫料厚度一般在5厘米左右。

(7)消毒 消毒包括:清除剩料;搬出器具清洗消毒;清除垫料与鸡粪,清除后要消毒,进行包装运输;清洗鸡舍,最好用高压水泵冲洗3～4次,做到地洁水净;清除舍外杂草,排除污水,堵死鼠洞;所有的电器和电线要密封好,确保安全;对鸡舍进行多次消毒。消毒后的鸡舍应闲置1～2周后再使用,以彻底排除鸡舍内的甲醛。

①第1次为冲洗消毒。用热碱水溶液(2%～3%苛性钠溶液)或其他消毒剂(如3%～10%石灰水),洗刷墙壁、地面和用具,经过1小时以后,再用清水将消毒液冲洗掉。

②第2次为喷雾消毒。第1次冲洗消毒后,待地面干燥后,用消毒剂(如百毒杀、999抗毒威、消毒灵等)对鸡舍空间进行喷雾消毒,使鸡舍空气中飘浮的尘埃沉落。

③第3次为熏蒸消毒。喷雾消毒后,将鸡舍密闭堵严,根据鸡舍的污染程度确定消毒浓度,表4-1给出了甲醛熏蒸消毒的具体用药浓度,仅供参考。熏蒸消毒的鸡舍应密闭2～3天以上再使用。

表 4-1 甲醛熏蒸消毒的用药浓度

	高锰酸钾(克/米³)	福尔马林(毫升/米³)
新鸡舍	7	14
老鸡舍	14	28
严重污染的鸡舍	21	42

三、雏鸡的饲养

1.营养需要与饲料配方

雏鸡生长迅速,必须保证提供全价的营养。科学育雏使用的饲料,应该能满足雏鸡正常生长发育对蛋白质、能量、维生素、矿物质等营养成分的需要,按雏鸡的营养标准合理配制日粮。表 4-2 给出了一般雏鸡的营养标准,仅供参考。若饲养的是品种鸡,可详细参考该品种的饲养手册。

表 4-3 给出了最常规的一个粗略饲料配方参考,详细的饲料配方详见第二章饲料配方设计。

表 4-2 雏鸡的营养标准

	蛋用鸡(0～6 周龄)	肉用鸡(0～3 周龄)	肉用鸡(4～6 周龄)
代谢能(兆卡/千克)	2.850	2.950	3.050
粗蛋白质(%)	18.5	21	19.5
钙(%)	1.00	1.00	1.00
总磷(%)	0.70	0.70	0.70
食盐(%)	0.37	0.37	0.37

表 4-3　雏鸡的饲料配方

	0～6周龄蛋鸡	0～3周龄肉鸡	4～6周龄肉鸡
玉米(%)	63.2	59.7	62.8
豆粕(%)	24.0	32.0	29.5
鱼粉(进口)(%)	3.0	3.0	2.0
麸皮(%)	6.0	—	—
磷酸氢钙(%)	1.5	1.5	1.4
食盐(%)	0.3	0.3	0.3
石粉(%)	1.0	1.0	1.0
油脂(%)	—	1.5	2.0
预混料(%)	1.0	1.0	1.0

2.雏鸡的饮水

(1)饮水目的

①刚出壳后的雏鸡体内还残留有未吸收完的卵黄，饮水可加速卵黄物质被机体吸收利用，有助于提高雏鸡的食欲。

②开食后，充足的饮水可帮助饲料的消化吸收，这对雏鸡的生长发育是很有利的。

③育雏室内温度较高，空气干燥，雏鸡呼吸和排粪时，会散失大量水分，就需要靠饮水来补充水分，维持体内水代谢的平衡，防止雏鸡脱水死亡。

(2)饮水方法　雏鸡首次饮水最好用温水或温开水，水温与舍温基本一致。最初几天的饮水中可加入5%左右的葡萄糖或蔗糖(红、白糖)、电解多维和抗生素，以帮助雏鸡消除疲劳、恢复体力和提高抗病能力。

(3)饮水量　雏鸡的饮水量与鸡舍周围的环境有关，如温度、湿度、密度、天气状况等。一般情况下高温、低湿、密度大时，饮水量增

加,反之则减少。表4-4给出了一般情况下的雏鸡不同周龄的饮水量,仅供参考。

表4-4　雏鸡不同周龄饮水量(按100只雏鸡计算)

周龄	1	2	3	4	5	6
饮水量(升/克)	2.4	3.8	5.0	6.2	7.4	8.6

(4)饮水卫生　保证饮水清洁卫生,定期消毒,有毒及污染的水禁止饲喂。

3.雏鸡的饲喂

(1)雏鸡的开食　给雏鸡第一次喂料叫"开食"。

①开食的时间。适时开食是科学养鸡的关键技术之一。第一次开食的适宜时间为出壳后12～24小时,即当雏鸡群有1/3～1/2表现啄食时,即可开食。长途运输一般也不应超过36小时。过早开食,雏鸡缺乏食欲,雏鸡在出壳后10多小时内,腹腔内卵黄尚未完全吸收,多数喜沉睡不吃料。因此,过早开食有害雏鸡的消化器官,对雏鸡以后的生长发育极为不利。过迟开食,会过多消耗雏鸡体力,使雏鸡变得很虚弱,也影响雏鸡以后的生长和成活。所以适时开食,既有利于雏鸡腹内卵黄吸收和胎粪排出,又能促进生长发育。

②开食器具。开食时使用浅平食槽或浅平的开食盘,也可以直接将饲料撒在已消毒过的牛皮纸或深色塑料布上,让雏鸡自由采食。5～7天后应逐步过渡到使用料桶或料槽喂料,料桶和料槽的大小及其高度应随鸡龄的增加而逐渐调整。

③开食料。开食的饲料要求新鲜、颗粒大小适中,易于雏鸡啄食,营养丰富易消化。常用粉状混合料或破碎的颗粒料进行开食。

(2)正常的饲喂方法　一般鸡场均采用干粉料或颗粒料自由采食,优点是省工省时,鸡群都能比较均匀地吃到饲料,每只鸡得到的营养基本一致,整个鸡群的生长发育比较整齐。

(3)饲喂量 雏鸡的采食量与品种、周龄有关,也与鸡舍内的环境有关,表4-5给出了不同鸡种及周龄的参考饲喂量。详细的饲喂量参考所养具体品种的饲养手册。

表4-5 不同鸡种及周龄的饲喂量

周龄	肉用鸡周累计耗料量(克/只)	白壳蛋鸡周累计耗料量(克/只)	褐壳蛋鸡周累计耗料量(克/只)
1	149	49	84
2	471	147	217
3	986	301	392
4	1750	497	609
5	2761	749	868
6	4074	1050	1169

四、雏鸡的管理

精心的管理,为雏鸡创造适宜的环境,是提高雏鸡成活率、保证雏鸡正常生长发育的关键技术措施。

1.温度

(1)育雏温度的重要性 温度是育雏成败的首要条件。雏鸡由于体温调节机能没有健全,对环境温度的变化十分敏感,环境温度的高低对雏鸡的生长发育和成活率有着直接的影响。

①育雏温度过低,雏鸡怕冷,不愿采食,相互拥挤打堆,体质稍弱的小鸡会因相互挤压而死亡,而且温度过低,很容易导致雏鸡感冒,容易诱发雏鸡白痢病、大肠杆菌病、慢性呼吸道病、副伤寒等疾病。

②育雏时温度过高,会影响雏鸡的正常代谢,雏鸡食欲减退,体质变弱,生长发育缓慢,而且容易引起呼吸道疾病和啄癖等。

(2)育雏的适宜温度

表 4-6　雏鸡不同周龄所需温度

周龄	1	2	3	4	5	6
温度(℃)	33～35	30～33	27～30	24～27	21～24	19～21

表 4-6 给出的雏鸡不同周龄所需温度是一个大致参考数值，育雏的适宜温度因雏鸡品种、年龄、季节、早晚时间、数量和育雏器的种类不同而异，因此育雏时一定要灵活掌握好温度。通常的原则是：

①小群的育雏温度应比大群温度高。

②弱雏的育雏温度应比强雏高。

③阴雨天的育雏温度应比晴天高。

④夜间的育雏温度应比白天高。

⑤肉用型鸡的育雏温度应比蛋用型鸡高。温度变化的相差度数一般为 1～2℃。

2.湿度

(1)育雏湿度的重要性　湿度的高低，对雏鸡的健康和生长有较大的影响，如果控制不好，就会引发一些疾病的发生。

①湿度过高，雏鸡水分蒸发和体热散发困难，夏季雏鸡会感到更加闷热不适，而且还会促进病源性真菌、细菌和寄生虫的生长繁殖，雏鸡易爆发曲霉菌病、球虫病等。冬季雏鸡会感到更冷，易患各种呼吸道疾病。

②湿度过低会过多地消耗体内水分，以致厌湿，对生长不利。另外，雏鸡脚爪、腿部干燥失水。

(2)育雏的适宜湿度

①进雏头 10 天，相对湿度以 60％～65％较好。因为雏鸡在出雏器出壳时的湿度为 70％左右，而且在育雏初期由于育雏温度较高，空气的相对湿度往往太低，必须注意室内水分的补充。

②雏鸡10日龄以后，湿度宜保持在55%～60%。随着雏鸡年龄的增长，体重、采食量、饮水量、呼吸量、排泄量等都逐日增加，加上育雏的温度又逐周下降，很容易造成室内湿度偏高，因此要想方设法降低育雏室的湿度。

3.通风

经常保持育雏舍内空气新鲜，这是雏鸡正常生长发育的重要条件之一。

(1)通风的意义 首先，雏鸡代谢旺盛、呼吸快、鸡群密集，雏鸡单位体重排出的二氧化碳量比大家畜高出2倍以上。其次，雏鸡排出的粪便中大约还含有20%～50%尚未被机体消化利用的营养物质，这些营养物质经微生物的分解可产生大量的氨气和硫化氢等不良气体，育雏舍这些气体蓄积过多，对雏鸡的生长和健康都很不利。因此，在育雏过程中要加强通风，及时排除舍内的污浊气体，引进舍外的新鲜空气，以改善育雏舍的空气环境。

①氨气(NH_3)。鸡舍内最常见和最易超量的有害气体是氨气。氨气的主要来源是鸡粪。鸡粪中有20%～50%未被利用的有机物质、粪便连同被污染的垫料、饲料中的含氮有机物质被厌氧菌分解即产生氨气。温热、潮湿的环境会促进氨气的产生。鸡粪含水量低、鸡舍结构合理、通风效果良好时，氨气产生的量很少；如鸡舍结构不良，饲养密度又大，通风及供水系统条件差时，氨气浓度会加大。当垫料中水分超过30%，氨气就开始产生，并且随温度升高迅速增多。氨气刺激鸡的眼结膜，使之出现流泪甚至眼结膜炎症；刺激气管支气管发生水肿、充血、疼痛等病理变化；降低鸡呼吸道纤毛的活动，导致呼吸道对病原微生物的抵抗力下降，从而诱发多种呼吸道疾病。雏鸡单位体重的呼吸量比成年鸡大，对氨气的敏感性更高，如育雏室氨气量大会造成雏鸡抵抗力下降，羽毛散乱，发育停滞，严重时甚至中毒死亡。雏鸡舍氨气的浓度一般允许为0.001%，不能超过0.002%。在

0.001%～0.0015%时，可嗅出氨气的味道；在0.0025%～0.0035%时，开始刺激鸡的眼睛，引起结膜炎；在0.005%时，眼睛流泪发炎，并继发多种呼吸道疾病；在0.0075%时，雏鸡头部抽动，行为表现出极不舒服的样子；超过0.008%时，可使雏鸡停食、消瘦、衰竭，造成大批死亡。

②硫化氢（H_2S）。鸡舍空气中的硫化氢由含硫有机物分解而来。雏鸡舍中硫化氢主要由于饲料与粪便中的含硫有机物管理不当所致，雏鸡消化不良时也可产生大量的硫化氢。硫化氢毒性很强，与呼吸道黏膜接触后，使黏膜受到刺激，造成呼吸麻痹。鸡若长期接触低浓度硫化氢，体质将会变弱，抗病能力下降，同时易发生结膜炎、呼吸道黏膜炎和肠胃炎等。鸡对硫化氢的耐受力在0.0001%以下，一般不能超过0.0007%。在通风良好的鸡舍内，只要加强管理，及时清除鸡粪，一般不会出现硫化氢偏高的情况。

③二氧化碳（CO_2）。鸡舍中的二氧化碳主要来自鸡体呼出的废气，二氧化碳并无毒性，然而鸡舍内二氧化碳的含量增高，即意味着氧气含量下降，其他有害气体增多，不利于鸡体的正常代谢。一般要求鸡舍内的二氧化碳含量不超过0.15%。

④一氧化碳（CO）。含碳物质在氧气供给不足的情况下燃烧，均有一氧化碳产生。冬季或早春在育雏室烧煤保温时，如果门窗紧闭、通风不良，常会引起雏鸡一氧化碳中毒。

⑤尘埃与微生物。鸡舍内的尘埃主要来源于饲料粉尘、羽毛碎屑、垫料及土壤灰尘等。空气中尘埃的含量与通风状况、环境湿度、饲料形状、地面条件等有关。空气中相对湿度低、饲养密度大及饲料粉碎过细等，尘埃浓度会相应加大，管理方式和垫料材料不同，也影响空气中尘埃的浓度，通常平养鸡舍尘埃浓度大于笼养鸡舍。尘埃中含有大量的病原微生物，如大肠杆菌、霉菌等，有时，也带有新城疫、马立克氏病毒等。这些病原微生物随尘埃侵入雏鸡呼吸道，给鸡群健康造成潜在的威胁。

(2)通风的方法　育雏舍通风换气的方法有自然通风和强制通风两种。

①密闭式鸡舍及笼养密度大的鸡舍，通常通过动力机械进行强制通风。

②开放式鸡舍基本上都是依靠门、窗进行自然通风，但应注意以下几点：通风之前先提高育雏室的温度（一般1～2℃），待通风完毕后基本上降到了原来的舍温；通风的时间最好选择在晴天中午前后；通风换气应缓慢进行，门窗的开启程度应从小到大，最后呈半开状态，切不可突然将门窗大开，让冷风直吹，使舍温突然下降；通风的原则，以人进入舍内无闷气感觉，不刺激鼻眼为适宜。

4.光照

(1)光照的意义　光照包括自然光照（太阳光）和人工光照（电灯光）。合理的光照程序能提高雏鸡生命力，促进生长发育，提高机体的免疫力，使雏鸡健康成长。光照时间的长短、强度的大小、颜色的不同，对雏鸡的健康生长及成年后的生产性能有很大的影响。

①光照时间过长会促进雏鸡过早性成熟。过早开产的鸡，产蛋小，产蛋持久性差，全年产蛋量不高。

②光照时间过短会影响到雏鸡的活动、采食，还会延迟小鸡性成熟。

③光照过强或异常的光照颜色，如黄光、青光等，会使雏鸡显得神经质，易惊群，活动量大，容易引起啄羽等恶癖。光照强度过弱也同样如此。

(2)合理的光照时间

①肉用仔鸡，光照时间一般为23～24小时，白天可用自然光，晚上或夜间用人工光照，前三天光照强度一般为2～4瓦/米^2，以后的光照强度为1～2瓦/米^2，以雏鸡能看到采食和饮水为宜。

②蛋用雏鸡，头三天光照时间为23～24小时；4～14日龄的光照

时间控制在20～22小时;15～28日龄的光照时间控制在16～18小时;29日龄～17周龄保持固定的光照时间:在密闭式鸡舍,光照10～12小时;在开放式鸡舍,以5～17周龄之间的最长光照时间为固定光照时间。光照强度1周龄前为2～4瓦/米^2,2周龄以后逐渐减弱到1瓦/米^2。

(3)注意事项　保持光照稳定,避免时长时短、忽明忽暗,并使光源在舍内分布均匀。灯泡的高度一般为2米左右,灯泡与灯泡之间的距离应为灯泡高度的1.5倍为宜,如果舍内安装两排以上的灯泡,应交错排列。灯泡应定期擦去灰尘。

5.密度

(1)密度的意义　饲养密度是指育雏舍内每平方米地面或笼底面积所容纳的雏鸡数。适宜的密度是保证鸡群健康、生长发育良好的一个重要条件。

①鸡群密度过大,育雏室内空气污浊,二氧化碳含量增加,氨味浓,湿度大,卫生环境差,易感染疾病;雏鸡吃食拥挤,抢水抢食,饥饱不均,生长发育减慢,鸡群发育不整齐,容易引起雏鸡相互啄癖。

②鸡群密度小,房舍设备的利用率降低,人力增加,育雏成本提高,经济效益下降。

(2)雏鸡适宜的饲养密度　详见表4-7和表4-8。

表4-7　蛋用雏鸡的饲养密度(只/米^2)

笼养		平养	
0～4周	5～17周	0～4周	5～17周
53	27	20	10

表 4-8 肉用雏鸡的饲养密度(只/米^2)

周龄	1	2	3	4	5	6	7	8
地面平养	35～40	25～30	18～20	18	15	13	10.5	9
网上平养	35～40	25～30	18～20	18	16	14	12	10.5

6.防止恶癖

(1)恶癖形成的主要原因 育雏温度过高;通风不良;密度过大;光线过强;饲料配制不当:如日粮中缺乏动物性蛋白质饲料,矿物质、营养物质不足或不平衡等。另外,鸡的习性、饲喂时间、采食量也可能会形成恶癖。

(2)恶癖的表现 形成的恶癖,表现为啄羽、啄肛、啄趾、食血等。

(3)防止恶癖的方法 恶癖一旦形成,鸡群骚动不定,淘汰率提高,如不及时采取有效措施,将会造成严重损失。

首先查明导致恶癖的原因,及时改变饲养管理。在大多数情况下,以断喙防止啄癖最为有效。

①断喙的时间。断喙一般进行两次,第一次多在出壳后 6～10 日龄;第二次在 12 周龄前后,对第一次断喙不成功或重新长出的喙进行修整。

②断喙工具。断喙工具可用热刀片、断喙器、电烙铁(200～300 瓦)。

③切除部位。上喙从喙尖至鼻孔的 1/3～1/2 处,下喙从喙尖至鼻孔的 1/4～1/3 处,种用小公鸡只去喙尖。

④注意事项。在断喙前一天,饲料中可适当添加 Vk_4 或 Vk_3(4 毫克/千克),以有利于凝血。断喙后 2～3 天内,料槽内饲料要加得满些,以利雏鸡采食,减少碰撞。断喙时,应注意不能断得过长或将雏鸡舌头断去,以免影响雏鸡采食。

第五章

蛋鸡的生产技术

一、育成鸡的饲养管理

育成鸡一般指从 7 周龄至 18 周龄开产前这段时间。

1.育成鸡的生理特点

消化机能、体温调节机能基本健全，雏鸡开始脱温，采食量增加。骨骼和肌肉的生长都处于旺盛时期。12 周龄以后，育成鸡的性器官发育尤为迅速，对环境条件和饲养水平非常敏感。

2.育成鸡的营养需要

(1)营养需要

表 5-1 给出了蛋鸡或种鸡的一般参考营养需要数值，具体饲养时根据所养的品种而定营养需要，详见所养品种的饲养手册。

表 5-1　蛋鸡或种鸡参考营养需要

	7～8 周龄	9～18 周龄
粗蛋白质(%)	17	15.5
代谢能(千卡①/千克)	2800	2800

① 1 千卡约等于 4.2 千焦。

(2)日粮参考配方

表 5-2 日粮参考配方

	玉米(%)	豆粕(%)	麸皮(%)	磷酸氢钙(%)	石粉(%)	食盐(%)	预混料(%)	鱼粉(%)
7～8 周龄	64.3	18	12	1.4	1.0	0.3	1.0	2.0
9～18 周龄	64.3	15	15	1.4	1.0	0.3	1.0	2.0

由雏鸡料改用育成料要逐步改换,以防产生应激反应。

3.育成鸡的限制饲养

(1)限制饲养的目的

①体重标准,健康结实。

②整齐度高,发育匀称。

③适时开产,提高产蛋率和受精率。

④降低产蛋期的死亡率。

(2)限制饲养的方法 限制饲养的方法有限质、限量两种方法,目前多采用限制采食量的方法。一般从第 4 周龄开始限饲,每周的饲料进食量多少,应根据全群的平均体重和标准体重来决定。

①体重在标准范围内,按正常采食量进行饲喂。

②体重超过标准时,继续保持上周的进食量,直到符合标准为止。

③体重未达到标准,喂给下周的进食量,直到符合标准为止。

④整齐度太差时,按体重大小分太重、标准、太轻 3 个等级进行饲养。

⑤鸡群发病时,改为自由采食。

(3)标准体重的测定与均匀度

①标准体重的测定。定期测定育成鸡的体重,看其发育水平与标准体重是否相符,是限饲标准的重要依据。标准体重测定时要注

意抽取一定数量的育成鸡，具体为每栏称重10%的个体，大群为5%，数目不少于100只鸡。栏内的鸡要均匀分布，随机抓出，逐个称重，伤残鸡剔除。称重的时间在每周的同一天、同一时间鸡空腹时进行。

②均匀度的计算。均匀度是指体重落入平均体重10%范围内的鸡数占总测鸡数的百分比。合理的均匀度不仅有利于鸡的快速成长，还能减少鸡病的发生。按平均体重±10%计算，均匀度在70%～76%时为合格，70%以下为不合格，77%～83%为相当好，84%～90%为特别好。

(4)注意事项

①每周的鸡数要点清，防止串群。

②饲喂量一定要准确。

③饲喂时间要固定。

④料桶、料槽要充足。

⑤给料要迅速。原则上要求：机械喂料在3～5分钟内让所有鸡都能吃到料，喂料时最好在晚上添好料，把料桶吊起，早上同时放下。

⑥料的厚度要均匀。

二、产蛋鸡的饲养管理

1.饲养产蛋鸡的准备工作

蛋鸡由青年鸡舍转入产蛋鸡舍之前，必须做好各项准备工作。

(1)鸡舍及其设备的清洗与消毒　在转群之前，应清除鸡舍内的粪便，打扫卫生，维修鸡舍及其设备并进行消毒。对于养过鸡的鸡舍，必须将黏结在墙壁、地面、网架上的鸡粪以及门窗上的尘埃等，用水（最好是高压水）彻底洗刷干净。在洗净的基础上用消毒水进行喷雾消毒。待鸡舍干燥后，再按每立方米鸡舍空间用14毫升福尔马林、7克高锰酸钾进行熏蒸消毒。熏蒸前将门窗及通风口全部密封，熏蒸时间一般为2～3天，不得少于24小时。在转群之前，打开门窗及通风口，让空气对流，排出残余气体。

(2)转群与选择青年鸡

①青年鸡从青年鸡舍转入蛋鸡舍称“转群”。转群的时间视具体情况而定，一般在17～18周龄，最迟不得超过20周龄。总之，转群必须在开产之前完成，使鸡有足够时间熟悉和适应新的环境，减少环境变化的应激给鸡带来的不利影响。

②转群前要准备充足的水和饲料。转群时注意天气，不应太冷和太热，冬天尽量选择晴天转群，夏天可在早晚或阴凉天气转群。捉鸡要捉脚，并用另一只手按住鸡背，不要单独捉颈或翅膀。转群时动作应迅速、轻巧，不能粗暴，以最大限度减少鸡群的惊慌，减少应激反应。

③转群时，要逐只进行选择鉴别，严把质量关。要把那些生长发育不良、弱鸡、残次鸡及外貌不符合本品种要求的鸡淘汰掉，断喙不良的鸡也应重新修整，同时还应配有专人计数。

④转群时，还要调整好密度。产蛋鸡的饲养密度因饲养方式不同而不同。地面平养时，轻型品种，每平方米6只，中型品种，每平方米5.5只；网上平养时，轻型品种，每平方米8～10只，中型品种，每平方米7～8只；笼养时，每只鸡占笼底面积：轻型品种为380厘米^2，中型品种为464厘米^2。

⑤转群后，尽快恢复喂料和饮水。饲喂次数增加1～2次，不能缺水。由于转群的影响，鸡的采食需4～5天才能恢复到正常。应经常观察鸡群，特别是笼养鸡，防止卡脖子勒死，对跑出笼外的鸡要及时抓到笼内。

2.产蛋规律

产蛋鸡从21周龄开始到72周龄为一个产蛋年，在产蛋年中，母鸡产蛋有一定的规律，可以划分为3个时期，即产蛋前期、产蛋高峰期和产蛋后期。各个时期的有不同的产蛋特点。

(1)产蛋前期　产蛋前期是指从开始产蛋到产蛋高峰之前(21～28周龄),这个时期的特点是产蛋率上升很快,大致每周以12%～20%的比例上升,同时鸡的体重和蛋重也在增加。体重平均每天增加4～5克,蛋重每周增加1克。

(2)产蛋高峰期　产蛋高峰期的产蛋率通常在80%以上,最高可达90%～95%。产蛋高峰期的长短直接影响鸡的产蛋量。在正常情况下,产蛋高峰期可维持4～6个月。

(3)产蛋后期　产蛋后期的产蛋率一般在80%以下。产蛋高峰期过后,产蛋率逐渐下降,平均每周下降0.5%左右,直到52周以后,饲养管理较好的鸡群产蛋率仍在60%以上。

从以上产蛋规律可知,要提高蛋鸡的年产蛋量,必须努力促进产蛋高峰早日出现,延长产蛋高峰持续时间,减慢产蛋率下降速度。

3.产蛋鸡的饲养

(1)蛋鸡的营养需要与日粮配合

①蛋鸡的饲养标准。我国现行蛋鸡的饲养标准分成3个饲养期:产蛋Ⅰ期(产蛋率在80%以上)、产蛋Ⅱ期(产蛋率在65%～80%)和产蛋Ⅲ期(产蛋率在65%以下)。表5-3给出了中国蛋鸡的一般饲养标准,仅供参考,详细的饲养标准参照所养具体品种蛋鸡的饲养手册。

表5-3　中国蛋鸡的饲养标准

项　目	生长鸡周龄			产蛋鸡的产蛋率(%)		
	0～6	7～14	15～20	大于80	65～80	小于65
代谢能(千卡/千克)	2850	2800	2700	2750	2750	2750
粗蛋白质(%)	18.0	16.0	12.0	16.5	15.0	14.0
Ca(%)	0.80	0.70	0.60	3.50	3.40	3.20
P(%)	0.70	0.60	0.50	0.60	0.60	0.60
食盐(%)	0.37	0.37	0.37	0.37	0.37	0.37

②日粮配合。产蛋鸡的日粮配合，因品种、各地气候、饲料资源不同，其配方也有所差别。各地应根据当地条件制定适合本地区需要的饲料配方。表5-4给出一些日粮配方的参考数据，具体参考所养蛋鸡鸡种的饲养手册。

表5-4　蛋鸡的建议饲料配方

项目	0～8周龄	9～18周龄	19周龄～5%产蛋率	5%产蛋率～产蛋高峰～75%产蛋率	75%产蛋率以下
玉米(%)	63.2	63.4	57.2	59.2	61.1
豆粕(%)	24.0	16.0	25.0	23.0	18.0
鱼粉(%)	3.0	2.0	3.0	3.0	2.0
麸皮(%)	6.0	15.0	8.0	4.0	8.0
磷酸氢钙(%)	1.5	1.3	1.5	1.5	1.4
食盐(%)	0.3	0.3	0.3	0.3	0.3
石粉(%)	1.0	1.0	4.0	8.0	8.3
预混料(%)	1.0	1.0	1.0	1.0	0.9

(2)产蛋鸡的饲喂　蛋鸡开产后，按相应品种的饲养手册给定的参考采食量进行饲喂。

4.产蛋鸡的管理

产蛋鸡管理的基本要求就是创造一个有利于蛋鸡高产、稳产的生活环境，千方百计地提高饲料报酬，降低成本，增加收益。

(1)蛋鸡的日常管理

①观察鸡群。蛋鸡管理中普遍而又必须做到的工作是仔细观察鸡群。通过观察，掌握鸡群动态，熟悉鸡群情况，以便于采取相应的有效措施，保证鸡群健康和稳产、高产。

观察鸡群主要从以下几个方面：

·观察鸡群吃食、饮水情况是否正常，有无突然减少采食量和增加饮水量的现象。

·观察鸡群的精神状态，是否精神饱满、活泼好动。

·观察鸡群的头，面，羽毛、眼睛是否明亮，冠、髯色泽是否鲜红，羽毛是否紧贴等。

·观察肛门是否干净，粪便是否正常。

·观察鸡群健康状况，是否有呼吸道或其他疾病，有无相互啄斗等现象，对啄斗、偷吃蛋的鸡要及时捉出，单独饲养。

鸡的粪便由盲肠粪便和小肠粪便组成，盲肠粪便很少，主要在清晨出现。鸡的主要粪便为小肠粪便，正常的小肠粪便为灰色，略带白头或覆盖一层薄的白色薄膜，形状有长条形、宝塔糖形或酱状。当鸡粪的颜色和形状发生改变时，说明鸡的健康状况出现了问题。不正常的鸡粪颜色主要有：绿色、红色、白色、黄色、黑色及水样粪便。

茶褐色的黏便，一般由盲肠排泄，并非疾病所致。

绿色的粪便是消化不良、中毒或为病毒性疾病所致。出现绿色粪便是由于鸡体发生某些疾病时，消化机能出现障碍，胆汁不能够在肠道内充分氧化而随肠道内容物排出而形成，出现绿便主要由病毒性疾病和细菌性疾病引起。病毒性疾病包括新城疫和流感。典型新城疫或急性流感出现黄绿色稀粪。粪便除了绿色还有黄白色的，且整群粪便都是如此，非常典型，容易与其他疾病相区别。但这两种病之间不易区别。非典型新城疫或温和型流感，零星出现绿粪便，不易与其他疾病相区别。细菌性疾病常见的有大肠杆菌病、沙门氏菌病和巴氏杆菌病，主要是由败血型大肠杆菌病引起。

红色的粪便一般是球虫、蛔虫或绦虫所致。

白色粪便的出现有以下几种情况：鸡白痢是鸡白痢沙门氏菌引起的细菌性传染病；肾型传支、法氏囊病引起肾脏肿大，尿酸盐沉积过多，出现石灰样的白色稀粪；痛风主要是由于饲料中蛋白质或骨粉及石粉含量过高，出现石灰样的白色稀粪；中毒，如磺胺等药物中毒，引起肾脏损伤，导致尿酸盐沉积，排白色粪便。

黄色粪便，一般在发生球虫病之后，由于肠道壁发生炎症增厚、吸收功能下降而引起，或伴随堆型或巨型艾美尔球虫病，同时继发厌氧菌或大肠杆菌感染而引起肠炎所致。这种鸡群往往表现为鸡冠、鸡爪发白，长势不良等营养不良症状。治疗时应采取补充营养和根治病原相结合的措施，才能取得良好的效果。

黑色粪便，主要是慢性肠道病所致，往往是因肠道有益菌大量流失，饲料在肠道内消化缓慢，燥热衰老的肠黏膜脱落随粪便排出而致。

水样粪便，引起水样粪便主要有两方面原因：病理性原因和生理性原因。病理性原因主要是因食盐中毒或肾型传支导致。饲料中食盐含量过高，引起鸡大量饮水，而排出大量水便。食盐中毒，鸡肌肉呈水煮样；肾型传支有典型的“花斑肾”，排出大量水便，还排出大量白色粪便。生理性原因，如温度过高引起鸡大量饮水，也容易引起水便。蛋鸡进入产蛋高峰期时习惯性拉稀，可能是由于肠道对产蛋期饲料不适应或由于进入产蛋期血流分布相对减少而致，这种情况一般可采用适量限水，再用收敛止泻药配合抗生素治疗，效果较好。

②维持环境安静，减少应激反应。产蛋鸡需要安静的外界环境，任何突然的改变与刺激都会引起鸡群骚乱，使产蛋率下降。

鸡舍周围禁止喊叫，不准车辆鸣号；晚间要防止野兽、猪、鼠等进入鸡舍，严禁用手电筒或其他强亮光线直射鸡群；饲养员要相对固定，不应经常变换，穿的工作服颜色也应统一，不可随意改变；鸡群的每日饲料管理要严格按规定的操作程序进行，如喂料、捡蛋、开灯、关灯、打扫卫生、开排风扇等，在时间上要保持相对的稳定，不要随意变动；鸡群产蛋时间多数集中在上午 8 点至下午 4 点之间，这段时间应尽量保持鸡群安静，工作人员行动要轻，任何突击性的工作，如抽样称重等，均不要安排在此时间段进行，以免惊动鸡群，影响产蛋性能的发挥。

③节约饲料，防止浪费。一般饲料费占养鸡成本的60%～70%，所以节约饲料对降低养鸡成本、提高经济效益意义很大。据统计，养鸡饲料浪费的数量占全年消耗量的3%～8%，有的甚至达到10%以上。节约饲料需要针对浪费饲料的原因采取相应的措施。

首先，日粮的配合要合理。日粮的营养成分应按标准要求，既不能缺少，也不能给多余的分量。例如，日粮中的蛋白质含量高而能量低，则蛋白质会作为能量而造成浪费。

其次，料槽构造和高度要合适。槽底最好是平的，底板与侧板要成直角。三角形槽，鸡吃食时易将料弄到外边去。槽上拉金属丝或装有可以轻动的木梁，可防止鸡踏进料槽而造成饲料污染或将饲料扒到槽外。料槽的高度和鸡背的高度一致，才不至于鸡小槽高难吃到、鸡大槽矮吃不饱。给鸡断喙也是防止饲料浪费的好方法。

再次，饲料加工和添加方法要合理。粉料不应过细，以鸡不能挑食为原则，呈粉碎状即可，否则适口性差，并且易飞散。每次添料不能超过料槽容量的三分之一。

接着，要加强饲料的保管，防止霉变。饲料库和鸡舍不能有甲虫、麻雀、老鼠等，否则将被吃掉大量的饲料。饲料应避光保存，日光直射可使饲料中的脂肪氧化，而过氧化物又能破坏维生素A和维生素E，尤其是维生素B_2往往被日光所破坏。

最后，及时淘汰“白吃鸡”。对鸡龄达到30～35周龄时仍然不开产，或虽已开产，但属于产蛋持续时间短的低产鸡、停产鸡、抱窝鸡、过早换羽鸡、病弱鸡、残次鸡或有严重恶癖鸡等，均应随时淘汰，以减少饲料消耗。

④加强舍内温度、湿度和通风换气的管理。产蛋鸡舍内最适宜温度为15～25℃，低于10℃或高于30℃时产蛋率会急剧下降。舍内空气要保持新鲜，相对湿度以65%左右为宜，过高或过低都会影响产蛋量。

⑤每日准确记录饲料的消耗量、饮水量、鸡群只数、死亡率及原

因、产蛋量等。

⑥保持鸡蛋清洁，防止鸡蛋破碎。产蛋箱要保持清洁，切忌鸡在产蛋箱中过夜，或鸡蛋在鸡舍内过夜。捡蛋时间要相对固定，捡蛋次数与蛋鸡的饲养方式有关，一般实行全阶梯式笼养时，每天在产蛋结束时进行捡蛋。

⑦搞好清洁卫生。舍内舍外要保持清洁，料槽、水槽要经常洗刷，定期消毒。

(2)产蛋鸡的光照管理　对产蛋鸡来说，光线能刺激脑垂体增加黄体生成素的分泌，作用于生殖系统，加快卵子的成熟和促进卵子的排出，从而增加产蛋量。实行人工光照是现代养鸡生产中的一项重要管理措施，必须加以重视。

①光照时间。产蛋鸡光照控制应遵循的原则是鸡群进入产蛋舍后，光照时间只能逐渐延长，切忌缩短光照时间，光照强度力求保持稳定。

密闭式鸡舍光照可在原来每天 8 小时的基础上，每周增加 1 小时，连续两周以后，再按每周增加半小时，直至每天光照 16 小时为止，最多不超过 17 小时，以保持恒定。

开放式鸡舍光照全靠自然光照，不足部分用人工光照补充，一般于早晚各开、关灯一次，如白天光照时间为 12 小时，尚差 4 小时，可分别在早、晚各增加人工光照 2 小时，比较理想的是采用早晨补充光照。因为这样，不但符合鸡的生理特点，而且每天产蛋时间可以提早。也有的鸡场采用晚上补充人工光照的办法，效果与早晨补充光照差不多。白天的光照计算可按早晨太阳出来后半小时到晚上太阳落山前半小时。

②光照强度。光照制度一经确定，就应严格遵照执行，不能随意变动，否则将影响产蛋率。正常的亮度对产蛋鸡具有良好的影响，如亮度太大，鸡群容易疲劳，易产生恶癖，产蛋持续性差。一般产蛋鸡的适宜亮度在鸡头部 5～10 勒克斯就够了。如果采用 40 瓦的灯泡，

就悬挂于约2米高处，如果采用25瓦的灯泡，其高度离鸡头部约1.5米，灯泡与灯泡间的距离通常为灯泡高度的1.5倍。实践证明，补充光照能使产蛋量提高10%～20%。

(3)产蛋鸡的四季管理

①春季。春天气候逐渐变暖，日照时间延长，是鸡群产蛋回升的时期，又是微生物大量繁殖的季节。所以，春季管理的要点是：

·提高日粮的营养水平，满足产蛋的需要。

·在天气转暖之前，对鸡舍周围及其内部进行彻底消毒，以减少疾病发生的机会，对该地区易发生和流行的疾病应加强免疫。

·做好鸡舍周围的绿化工作，为夏季防暑降温做好准备。

②夏季。夏季气温较高，日照时间长，管理的要点是防暑降温，促进食欲。当气温超过27℃时，鸡的饮水量增多，采食量减少，影响产蛋性能。

·鸡舍内喷水或屋顶喷水，能降低舍温2～3℃。

·鸡舍周围种植瓜、藤之类的植物，最好让植物茎叶遮蔽屋顶，以减少太阳的辐射热，可使室温降低1～2℃。在高温季节，室内温度最好控制在27～30℃以下。

·调整日粮浓度：每千克日粮能量降低50～100千卡，粗蛋白质水平提高1%～2%。

·饲料要少喂勤添，不要剩料，尽量在早晚饲喂。

·加大通风换气，夏天的通风量约是冬天的4倍。

·保证有充足的清凉饮水。

③秋季。秋季日照渐短，天气逐渐凉爽，是鸡群发挥生产性能的理想季节。

·对鸡群进行调整：对低产鸡、停产鸡和病鸡应进行检查和观察，价值不大的鸡应尽早淘汰。

·加强饲养管理，保持环境相对稳定。

·做好产蛋鸡的疾病预防工作：对未开产的青年鸡和产蛋后期

的老龄鸡，按要求进行疫苗接种；根据情况在饲料中投放预防呼吸道和肠道疾病的药物。

④冬季。冬季天气寒冷，气温低，光照时间短。冬季的管理要点是防寒保温，保证舍温不低于8℃。

·对鸡舍进行维修，杜绝贼风。

·加强保温，有条件的情况下可设置取暖设备，条件不够的鸡场，应对鸡舍门窗特别是朝北的窗户进行遮挡。

·调整日粮，冬天鸡的机体散热量大，要提高日粮中的能量水平。

·冬天日照渐短，必须补充人工光照。

第六章

肉鸡的饲养管理

一、现代肉鸡业

1.肉用仔鸡的概念

肉用仔鸡与以往的“肉鸡”概念完全不同，它是指用配套品系杂交所产生的雏鸡，不论公母，养到6～9周龄屠宰，专门作为肉用的仔鸡。现代肉鸡按屠宰时期和体重的大小分为肉用仔鸡、炸用鸡和烤用鸡。肉用仔鸡也称“童子鸡”，一般是7周龄、体重2.2千克左右出场屠宰，鸡肉细嫩，皮柔软，烹调时熟得快。炸用鸡稍大一些，烤用鸡更大些。各国生产的肉鸡以肉用仔鸡为主，炸用、烤用鸡的比重很小。最近由于鸡肉深加工的发展，炸用鸡和烤用鸡，即较大型的肉鸡，又有增加的趋势。北欧、东欧、荷兰、德国等喜欢6～7周龄出场的小型肉鸡。日本市场的肉鸡以剔骨的净肉为主，需要大型的肉鸡，一般要养到8～9周龄、体重达2.8千克左右时出场，是世界上消费大型肉鸡的国家。目前，我国市场上出售的烧鸡或家庭烹用鸡以2千克左右出场较受欢迎，今后随分割肉的增加也将逐渐趋向大型化。

2.现代肉鸡的特点

现代肉鸡必须具备以下几个特点：

(1)早期生长速度快 这是现代肉鸡最重要的特点，只有早期生长快，才能早出场，节省饲料消耗，鸡肉细嫩。现代肉鸡 6～7 周龄达 2 千克以上，即可出场。

(2)饲料效率高 从初生到出场，每增加 1 千克体重消耗配合饲料 2 千克以下。饲料占肉鸡成本的 70%左右，只有饲料效率高，才能降低仔鸡成本，获取更大的经济效益。饲料效率一般以单位增重与饲料消耗的比例来表示，即增重饲料消耗比，或简称“耗料比”(料肉比)，耗料比愈低，饲料效率愈高。

(3)生命力强 为获得最大的经济效益，现代肉鸡业往往是高密度大群饲养，上万只乃至几万只鸡一群，到出场时几乎占满整个鸡舍，而看不到地面。因此要求肉用仔鸡体质强健，不发生疾病和恶癖，不影响发育，成活率高达 96%～98%。

(4)性能整齐一致 现代肉鸡不仅要求生长快、耗料省、成活率高，还要求体格发育均匀一致，出场时商品率高。如果体格大小不一，则降低商品等级，影响经济收入，给屠宰加工也带来麻烦。这种一致性只有通过杂交才能获得。出场时有 80%以上的鸡在平均体重上下 10%以内，即为发育整齐。

(5)屠宰率高，肉质好 除上述四项指标之外，近年来对肉仔鸡的屠宰率，特别是胸、腿肉率高，腹脂率低，味道鲜美的要求也开始提上日程。

(6)种鸡繁殖力强，总产肉量高 一只肉用种鸡繁殖的后代愈多，总的产肉量也愈高。繁殖率受产蛋数特别是合格的种蛋数、受精率和孵化率的影响。

3.现代肉鸡业的兴起和发展

现代肉鸡起源于美国特拉华州半岛，特拉华州的史蒂夫夫妇在 20 世纪 20 年代开始经营专门的肉用仔鸡，1923 年他家年生产肉用仔鸡 2500 只，向纽约市场出售。受史蒂夫夫妇成功的影响，邻近的 2

个州也开始盛行肉用仔鸡的养殖生产，直到第二次世界大战期间，这个半岛的3个州生产全美国40%的肉用仔鸡。

在特拉华州半岛兴起的肉鸡业很快普及到全美和世界各地。1930－1940年，间美国南部诸州的一些饲料商和银行家介入了养鸡业，开始向“联营合同制”方向发展。现在南部和东南部诸州提供全美80%的肉鸡，已取代特拉华州半岛，成为美国肉用仔鸡的主要基地。

“联营合同制”出现之前，肉鸡生产者要用现金购买雏鸡、饲料及其他的生产资料，育成的肉鸡要自已去市场出售。但是，随着养鸡规模的扩大、需要的资金增多，养鸡户承担不了全部生产和流通业务。于是出现了以饲料商为主题的联营公司，与养鸡户签订生产合同。公司提供雏鸡、饲料、药品、疫苗和技术服务，生产者出房舍、设备和劳力，生产出的仔鸡按合同规定的价格与时间由公司收回，送自营的屠宰场处置，最后由自营的流通部门批发和销售。合同受法律保护。

这种“联营合同制”，可根据市场需要和屠宰加工能力与计划组织生产，许多服务环节均由公司统一承担，节省开支，降低成本，养鸡户不需要更多的周转资金，减少了许多杂务，可专门从事肉鸡生产，销售也有保障，按合同规定获取一定的利润，经营比较稳定。除科学技术的进步以外，“联营合同制”被认为是美国肉鸡高速而成功发展的重要因素。现在美国肉鸡的91%由合同养鸡户生产，8%由公司自己生产，只有不到1%的肉鸡是由个体经营。

肉用仔鸡业在美国首先兴起后，发展极为迅速。1934年美国年产肉鸡3400万只，1977年达到33.34亿只，人均消费肉用仔鸡也从1934年的0.23千克增加到1977年的20.4千克。

与此同时，肉鸡单产水平也取得了相当大的进展，1934年美国肉鸡要95日龄出场，体重平均为1.3千克，饲料消耗比是4.7。而1984年则47日龄出场，体重平均为1.89千克，饲料消耗比是1.96。50年间肉鸡出场日龄提早了一半，出场体重却增加了将近1倍，饲料消耗比也减少一半以上。目前肉仔鸡 42 日龄出场体重达 2.0 千克以上,耗料比为 1.8 左右。

二、肉用仔鸡的饲养管理

1.肉用仔鸡的饲养方式和饲养制度

(1)饲养方式 饲养方式主要包括平面饲养和笼养。

①平面饲养。平面饲养主要有厚垫料平养和弹性塑料网上平养。

厚垫料平养是饲养肉用仔鸡最普遍采用的一种形式,可利用普通房舍或农家的杂屋,如猪栏、牛舍等,只需稍加改造就行。垫料要求松软,吸湿性强,不发霉,不过长(以不超过 5 厘米为宜),可采用刨花锯末、玉米秸或稻草等,一般可在地面铺 15～20 厘米厚的垫料。肉鸡出售后将垫料与粪便一次清除。厚垫料平养的优点是设备简单,成本低,胸囊肿及腿病发病率低。缺点是需要大量垫料,占地面积多,粪便污染垫料,成为传染源,易发生鸡白痢及鸡球虫病等。

弹性塑料网上平养,这种网柔软有弹性,可减少腿病与胸囊肿病的发生,鸡粪落入网底,减少了消化道病的再感染,特别对球虫病的控制有显著效果,因此比厚垫料地面平养的成活率和增重率要高。缺点是占地面积大,需要材料多。在农村也可用毛竹片或木条做成条缝板来饲养肉用仔鸡。

②笼养。笼养肉鸡已广泛应用于一些养鸡场,其规格很多,大体可分为重叠式和阶梯式两种,层数一般为 3～4 层。有些企业或农家也可自制笼子。笼养与平养相比,饲养密度大,饲料报酬高且便于收集鸡粪,舍内清洁,鸡只不与粪便接触,能防止或减少寄生虫病的发生。但笼养的设备投资费用大,并且最大缺点是胸囊肿和腿病的发生率高。

(2)饲养制度 肉用仔鸡的饲养制度主要有“全进全出制”和“连

续生产制”。“全进全出制”是指同一栋鸡舍在同一时间内饲养同一日龄的鸡，又在同一天全部出售。出售后，鸡舍及养鸡设备经过彻底清洗、消毒，然后封闭空闲 1～2 周，再重新换养下一批雏鸡。这种饲养制度简单易行，最大的优点是便于饲养期内的操作管理及技术措施的实施，有利于切断疫病感染的途径，消灭舍内的病原微生物，使每一批肉用的仔鸡都有一个洁净的开端。

“连续生产制”是指在同一栋鸡舍里饲养几种不同日龄的鸡。

实践证明，采用“全进全出制”饲养效果好，其增重、耗料和成活率均优于“连续生产制”。

表 6-1 给出了两种饲养制度下增重、耗料比与死亡率，从中可以看出，“全进全出制”的饲养效果明显优于“连续生产制”。

表 6-1　两种饲养制度的饲养效果

饲养制度	相对增重率(%)	耗料比	死亡率(%)
全进全出制	115	2.27	2
连续生产制	100	2.60	16

2. 肉用仔鸡的饲养要点

(1)肉用仔鸡的营养需要

①二阶段饲养法。一般的《饲养标准》把肉用仔鸡饲养分成前、后两期。前期，又叫“育雏期”，即从出壳到 4 周龄的幼雏。后期，又叫“育肥期”，即从 5 周龄到出售的中鸡。肉用仔鸡生长速度快，饲养周期短，日粮中必须含有较高能量及蛋白质，对维生素、矿物质等要求也很严格。据研究，随着日粮中能量和蛋白质水平的提高，肉用仔鸡的增重效果和饲料利用率也相应地提高。高能量、高蛋白日粮虽然生产效果很好，但是饲料成本增加，经济效益未必合算。

因此，根据我国当前的实际情况，从生产性能和经济效益全面考虑，肉用仔鸡日粮的能量水平前期不低于 2900 千卡代谢能，后期不低于3000千卡代谢能;蛋白质含量前期不低于21%,后期不低于19%为宜。同时要注意满足必需氨基酸,尤其是蛋氨酸和赖氨酸的需要。各种维生素和矿物质元素按规定添加,但要注意产品质量。肉鸡生产中最易缺乏的维生素是硫胺素、核黄素等,微量元素是锰,应特别注意。

②三阶段饲养法。两阶段饲养法的优点是:全期饲养仅用两个配方,饲料生产和饲养管理操作都较为简便。缺点是:无法较完全地满足幼雏所需的营养要求,对其生长有影响。

目前,国内外已普遍采用肉仔鸡三阶段饲养法,调整了日粮中蛋白质、代谢能含量水平,提出了适当的能量、蛋白质比例;调整了各饲养期限制性必需氨基酸和大部分维生素含量水平。从而使其更符合饲养实际需要,在不到10年时间内,商品肉鸡的生产水平大大向前推进:长到2千克体重由60天缩短到40天,料重比由2.00下降到1.74。

根据肉鸡的生理特点,可将肉鸡的饲养管理分为3个阶段:第一阶段为0～14日龄;第二阶段为15～25日龄;第三阶段从26日龄至出栏。

第一阶段:尽快让雏鸡适应新的生活环境,减少应激反应,减少疾病的发生,提高生长速度。

第二阶段:主要任务是提高鸡群体质,促进内脏器官和腿部的发育。试验表明,对14日龄后的肉鸡限饲3周,可明显地提高饲料的有效利用率和肉鸡的成活率,这一阶段肉鸡生长受到的抑制可在第三阶段得到充分有效的补偿。

第三阶段:采取一切有效措施促进肉鸡采食和消化吸收,降低机体消耗,使饲料的转化率达到最大值。

(2)肉用仔鸡的饲料配合 肉用仔鸡的饲料配合应参照不同肉用仔鸡具体品种的饲养标准进行设计,原则是充分利用当地饲料资源。

①配合时应首先考虑能量需要，饲料应以含能量较高的谷物，如玉米、碎米、高粱、小麦等为主。含能量低而粗纤维高的糠麸类饲料应少配。如配合能量在3000千卡/千克以上的日粮，则可添加少量的植物油或动物油，一般添加量以1%～5%为宜。同时日粮中应添加氯化胆碱。

②蛋白质饲料可配以适量的鱼粉、骨肉粉及饼粕类饲料。近年来，由于鱼粉价格高，实际生产中大量使用豆粕，当蛋白质饲料以饼粕类为主时，需单独添加蛋氨酸，以补充蛋氨酸的不足。

③矿物质饲料包括使用骨粉、贝壳粉及食盐等。

④维生素、微量元素及保健药品可用成品的添加剂予以补充。

⑤肉用仔鸡饲养期短，日粮应尽量保持稳定，如因需要而改变时，饲料应逐步更换，让鸡有个适应过程，以免因日粮急变而引起消化不良，影响肉鸡生长。

(3)肉用仔鸡的喂养技术要点

①饮水。雏鸡运回育雏室后，应让其安静片刻，随即给予清洁温热的饮水，饮水中加给5%的葡萄糖或0.05%～0.1%的蛋氨酸，效果更好。若雏鸡出壳时间较长，运输途中失水较多，则应喂给0.1%～0.15%的食盐水。

开始饮水后，直至饲养结束上市，都要供应充足饮水。间断饮水，会使鸡干渴，易造成抢水而弄湿羽毛，以至发生受冷、打堆和压死现象。长期饮水不足，将会影响鸡的增重。

随着雏鸡日龄增长，饮水量也不断增加，通常饮水量为采食量的1.6倍左右，要注意水的储备。

每只肉鸡占用饮水槽位在不同的生长阶段也不同，要保证有足够的饮水器或水槽。1～2周龄：1.5厘米；3～4周龄：2厘米；4～10周龄：2.5～3厘米。圆形水盘可增加20%左右的可利用率。在前2周龄，每千只鸡需饮水器为15～16个，容量为3.5～4千克。

②喂料。肉用雏鸡开食与其他雏鸡相似，开食料可用碎玉米、小

米、碎米等，也可直接用粉状配合料。开食后，为了满足肉用仔鸡快速生长的需要，应充分给料，让鸡自由采食。饲料的形状主要有干粉料、湿拌料和颗粒料。

干粉料饲喂方便，鸡群发育均匀，有利于鸡的快速生长，最适宜于大规模饲养的鸡场。但干粉料浪费较大。

湿拌料适口性好，鸡群易于采食，比干粉料浪费要少，适用于广大农户小规模饲养，但严冬季节湿拌料容易冻结，夏季易于腐败变质。应注意少喂勤添。

颗粒料适口性好，采食速度快，采食量大，且饲料营养全面，易于消化，浪费少，是饲养肉鸡比较理想的饲料，但颗粒料价格较高。

饲喂时，要有充足的采食面，一般肉用仔鸡占食槽位：1～2 周龄为 3.8 厘米；3～6 周龄为 5 厘米；6～10 周龄为 7.5 厘米。

3.肉用仔鸡的管理要点

(1)日常管理的技术要求

①温度。按照育雏时的温度要求进行控制，温度不可偏高，也不可偏低，第一周为 33～35℃，以后每周降低 3℃，直到 21℃为止。雏鸡 3 周龄后，皮下就开始积有脂肪层，如果温度偏高，会影响鸡的生长，增加死亡率，降低屠宰等级。

②湿度。饲养肉用仔鸡的适宜相对湿度为 60％～65％。生产实践中，若饮水供应充足，一般不会出现湿度过低现象，特别是在育雏后期，鸡的排泄量大，往往湿度偏高，值得注意的是要尽量保持室内干燥，防止湿度过高。温度和湿度有着密切的联系，高温高湿和低温高湿都不利于鸡的生长。

③通风。通风的目的是排除舍内的氨和二氧化碳等有害气体，降低湿度，换进新鲜空气。通风量随着日龄增加逐渐加大，以人进入舍内不感觉闷气和氨气刺激眼鼻为宜。通风时防止冷空气直接吹袭鸡群而引起感冒，可通过布窗或其他挡风屏障，使冷空气缓缓流进室

内。在不影响温度的情况下，尽量保持空气流通。

④光照。肉用仔鸡对光照的要求不严格。光照对肉用仔鸡来说，主要是提供一个采食和饮水的条件。光照来源有自然光照和人工光照两种。光照制度主要有持续性光照制度和间断性光照制度。

持续性光照制度：0～2 日龄内全天 24 小时光照，3 日龄后每天 23 小时光照，1 小时黑暗。这 1 小时黑暗是让鸡群习惯于黑暗环境下的生活，不致因偶然停电等因素而惊慌，造成损失。开放式鸡舍，白天可用自然光照，晚上用灯光照明，保证雏鸡在任何时间都能自由采食和饮水。

间断性光照制度：开放式鸡舍第 1 周采用持续性光照制度，从第 2 周开始实行晚上间歇照明，即喂料时开灯，喂完后关灯；密闭式鸡舍可采用 1 小时光照、3 小时黑暗或 2 小时光照、3 小时黑暗交替进行。采用这种光照制度，据研究不仅省电，还可获得较高的增重，饲料报酬高，经济效益明显增加。

第 1 周光线较亮，以后需要较暗的光线。较暗的光线可以减少和防止鸡的啄癖，同时也减少活动量，有利于增重且耗电也少。一般灯高 2 米，灯距 3 米。1 周龄：45～60 瓦/10 米^2；2～4 周龄：25 瓦/10 米^2；5 周龄以后：15 瓦/10 米^2。

⑤密度。保持适宜的饲养密度，是饲养肉用仔鸡成败的一个关键因素。加大饲养密度，虽然可增加栏舍面积的利用率，但是不仅会增加饲料的消耗，降低鸡的生长率和饲料转化率，而且会增加鸡的死亡率、啄癖率、囊肿发生率，使鸡的羽毛生长不良，降低肉用鸡的合格率和等级，从而造成亏损。因此，在肉仔鸡饲养中必须保持适宜的密度，在气温、通风、地面结构不变的情况下，按不同生长阶段的体重大小，不断调整其密度，使其经常处于最佳状态，取得最佳的饲养效益。实际饲养时要根据具体情况和条件而定，在垫料上饲养密度应低些，在网上饲养密度可高些；通风条件好密度可高些，夏季舍温高密度应低些。密度控制的原则是鸡舍到出场时，最大承载量为每平方米 30

千克。

表 6-2　肉用仔鸡平面饲养密度

周　龄	饲养密度（只/米²）	出栏体重（千克）	饲养密度（只/米²）
1～2	18～23	1.3	18.2～21.2
3～4	13～18	1.3～1.7	15.2～18.0
5～6	9～13	1.7～2.3	12.1～15.0

(2)三阶段饲养法的饲养管理要点

第一阶段：给雏鸡提供高质量的、充足的饮水，并供给体积小、易于消化吸收的全价配合饲料。饲料添加量以占食槽容积的1/3～1/2为好。第一天采用24小时光照，光照强度为4瓦/米²，以后逐渐减少光照时间直至过渡到自然光照。

第二阶段：根据肉鸡的生长情况，适当加大饲料粒度，降低饲料中能量和蛋白质的含量，一般可降低10%左右，但饲料中的各种维生素、微量元素和矿物质要按标准要求供给。每天定时饲喂3次。注意运动，如晚上用竹竿轻轻驱赶仔鸡，以增加肉鸡的运动量，达到锻炼内脏器官的目的，又可以减少胸部压力的刺激。适当增加光照强度和时长，有利于运动，减少疾病的发生。

第三阶段：要供给优质的育肥饲料，营养要全面，能量高，蛋能比合适。配合饲料时要注意以下三点：原料要多样化和低纤维化；添加3%～5%的动植物油；尽量采用颗粒饲料。饲喂次数应由原来的3次增加到5次，或者采用自由采食方式，保持槽内不断料，满足鸡自由采食的要求。在不影响鸡群健康的情况下，要减少运动量，并配合低光照强度。饲养密度为12～15只/米²，温度保持在18℃左右，相对湿度保持在55%左右。

(3)降低饲料消耗　防止饲料浪费，是提高经济效益的关键。应积极采取措施，减少饲料浪费，增加收入，主要措施有：

①改进料槽结构，防止饲料从料槽直接丢失浪费。

②控制装料量，添料以不超过料槽三分之一为宜。

③及时调整饲槽位置，随着鸡龄的增加，适时调整料槽的角度和高度，食槽的高度一般与鸡背等高。

④合理配合日粮，饲料颗粒大小均匀一致。

⑤保持鸡群健康，及时剔除病鸡、弱鸡和伤残鸡。

⑥控制适宜的环境温度及鸡群活动量。

⑦规定适宜的上市日龄和体重：根据肉用仔鸡的生长规律，通常公鸡饲养到 8 周龄，母鸡饲养到 6 周龄，如再继续饲养，生长速度将开始减慢，饲料报酬也降低。所以，一般公母混养到 7 周龄就要上市。出栏越早，饲料报酬越高。

(4)公母分群饲养　随着自别雌雄商品杂交鸡种的培育和初生雏雌雄鉴别技术的提高，实行公母分群饲养，是提高现代肉鸡生产经济效益的一种有效方法。

实行公母分群饲养主要是因为公母雏鸡的生理基础不同，对环境条件和营养需要也有差别，因此在饲养过程中分别采取相应的饲养管理措施，可以充分发挥公母鸡不同的生产潜力，以获得最大的经济效益。

①公鸡生长速度快，母鸡生长速度慢，一般 8 周龄的公鸡要比母鸡重 25%～30%，因此公鸡的饲养密度要低于母鸡。

②公鸡营养需要水平高于母鸡，特别在 2 周龄后，公鸡和母鸡营养需要量出现明显差别：公鸡维生素需要量比正常高 15%，而母鸡可减少 10%；公鸡对蛋白质、赖氨酸和蛋氨酸需要量较多，而母鸡则可少些。一般来说，公鸡比母鸡能有效地利用高蛋白质和赖氨酸，大部分转化为体蛋白而快速增长，饲料利用率高，而母鸡采食多余的蛋白质在体内转化为脂肪而沉积，饲料利用率较低。

③公鸡羽毛生长慢，母鸡羽毛生长快，公鸡育雏温度前期要稍高 1～2℃，后期则稍低 1～3℃。

④公鸡体重大,母鸡体重小,公鸡胸囊肿的发生率较高,公鸡要增加垫料厚度,并经常保持清洁松软。

⑤公母分群饲养时,公母鸡体重均比混合雏饲养提高 8%～15%,且生长发育整齐,胴体也比较均匀。

⑥公母分群饲养可以选择公、母鸡在生长和饲料利用最经济的时间出售。按体重出栏,公鸡上市周龄可比母鸡提早 1～2 周。按增重速度与饲料利用率,母鸡在 7 周龄以后,其增重速度相对下降,饲料利用率下降,这时便可以出售。而公鸡于 9 周龄以后生长速度才降低,因此公鸡可以比母鸡晚出售 2 周,以充分发挥公鸡的生长潜力。

三、肉用仔鸡的标准化饲养管理技术

1.雏鸡入舍前的准备工作

(1)入雏前 48～24 小时

①预温鸡舍至 32℃。夏季提前 24 小时预温,冬季提前 48～60 小时预温,其他季节可在 48 小时前进行鸡舍预升温至 32℃。

②检查育雏准备情况是否完备。主要检查内容有:饲养面积和饲养密度是否合适,灯光照明是否达标,料盘和水线乳头是否够用,塑料编织布是否合乎要求等。

③雏鸡的保健用药。1～2 日龄雏鸡因嗉囊小,喝水量小而频繁,所以有水就有药,不建议集中饮水用药,以防饮药不均造成中毒。3～4 日龄恢复正常给药。

保健用药的原则:

· 广谱、高效、低毒。

· 药敏试验推荐药品。

· 忌用毒副作用大的药品。

· 按预防药量给药,并按厂家包装推荐使用药量计算准确。

·疗程可按实际情况确定为3～5天不等。

(2)入雏前10小时

①鸡舍温度达到35℃以上,维持3～4小时,以便残留消毒药的挥发。

②检查换气系统并试运行。

③检查控制系统工作是否正常。

④检查通风系统是否正常,风机试运转是否正常。

(3)入雏前6～8小时

①反冲水线2小时,以排出水线内残存的水,保证雏鸡喝上新鲜清洁的水。

②如果使用乳头饮水器,为保证雏鸡饮水方便,2小时后用手拍打乳头。

(4)入雏前4～6小时　这时主要工作是铺设开食用的塑料编织布。首先将水线、料线升高至50厘米(便于铺塑料编织布)。其次在料线下铺设塑料编织布,远离水线。塑料编织布长40米,宽0.8米。铺设塑料布时要笔直,不能歪斜,料线落到塑料布上方,水线(有托盘时)落到塑料网上。微调料线、水线高度,以方便雏鸡采食和饮水。

(5)雏鸡到达前1～3小时　首先将鸡舍温度降到28℃。垫料温度或网上腹部接触物温度要控制在27～28℃。雏鸡腹部接触垫料或塑料网,过冷会引起卵黄吸收不良、死淘增加、增重缓慢,因此垫料温度或网面温度非常重要。其次使湿度达到65%～70%。

(6)雏鸡到达前0.5小时　开启供水系统开始加水,使水温保持在27℃,并开始加料,将饲料打入料盘。

2.雏鸡进入鸡舍

首先对运雏车进行喷雾冲洗消毒,然后将雏鸡箱搬进鸡舍并把雏鸡倒进育雏间。接着随机挑选3箱称重,确认雏鸡鸡群的平均体重及整体状况。最后,将雏箱里的垫纸汇总放入塑料垃圾袋焚烧。

3.第一周内的特别管理

(1)入雏1~8小时的管理

①设法训练雏鸡喝好第一口水。

②观察鸡群的行为与分布,调整并保持育雏温湿度的均匀和稳定。

③驱赶趴卧雏鸡,强迫其进行饮水和采食。

④第一次挑弱鸡。通过观察雏鸡的精神状态以及用手抓摸的方式进行挑选。若雏鸡精神萎靡、抓在手中软弱、反应无力,可认为是弱雏。弱雏要单栏饲养,人工灌服饮水3次以上。

(2)入雏8~24小时的管理

①评估开水开食的效果。饱食率是评估雏鸡是否喝到开口水并顺利吃好饲料的主要指标,抽样5%,用手触摸雏鸡嗉囊大小和柔软度感知,约花生米粒大小为合格的标准。8小时正常饱食率应达到90%以上;24小时正常饱食率应达到95%以上;36小时正常饱食率应达到100%。

②免疫。用新城疫加传支活苗进行滴眼免疫。

③第二次挑选弱鸡。根据饱食率挑选出10%~15%弱鸡,放入护理栏单独饲养,并人工灌服饮水3次以上。挑选弱鸡的方法:结合免疫用手摸嗉囊挑出,嗉囊内若无食则视为弱雏。挑弱鸡工作不能懈怠,要做到宁可错挑一百,也不可放过一个。

4.饲养期间的日常管理工作

(1)温度 雏鸡到达后3~4小时,温度提升到32℃。第一周后降温2℃,然后每3天降1℃,逐步降低室温,30天后通常保持在20~22℃。根据天气预报、设备性能灵活情况,调整设定温度。降低设定温度前后,应观察鸡群分布状态。入雏之后,要及时降低设定温度,2~3日龄时的环境温度会比开始温度高(鸡粪、呼吸、自身热等),这

样的初期高温会引起采食量减少，增重恶化和体重不均匀（造成弱雏和疾病发生），导致换羽拖后，从而会使适时换气变得困难。

(2)湿度　第一周内湿度不能低于65%，否则雏鸡容易脱水。第二周湿度保持在60%以上。第三周以后到出栏控制湿度在50%～55%。人进入鸡舍内，感觉空气清新、没有干燥感。

(3)喂料　刚开始是垫塑料布手工给料，并结合料线给料。观察鸡群采食状况，训练雏鸡尽快使用料线。1日龄雏鸡料量为12克/只（人工加料8克/只），以后逐日递增。扩群时料线高度按照发育情况（鸡背高度）逐渐上升。

经常检查料盘出料情况，均匀给料，以免出现采食不均导致体重发育不均匀。

(4)饮水　入雏之前给水给料管理参照"入雏前的准备工作"；入雏1小时后，观察饮水状态，调整乳头（水滴在鸡眼高度）高度和水压，确保所有鸡雏都能喝到水。

每天早晨观察鸡群饮水情况，根据雏鸡的生长情况，及时调整乳头高度和水压。观察记录鸡群每日饮水情况，根据水量和料量推移状况分析鸡群状况。水温控制在与室温接近。注意饮水的清洁卫生。每日检查过滤器，定期反冲水线，防堵塞。

(5)扩群　根据季节、温度状况不同，灵活调整扩群时机。10日龄前选择育雏舍的1/3面积作为育雏室（饲养密度34只/米^2），11～20日龄时扩大到2/3育雏室面积（饲养密度17只/米^2），21～30日龄扩满鸡舍（饲养密度12只/米^2）。

(6)通风换气　通风换气可以保证供给鸡群正常发育所需的氧气。排除有毒气体（二氧化碳、氨等）、水漏、鸡粪等产生的水分。夏季还可以排出鸡群的热量、水分，排出鸡舍产生的辐射热等。换气不足会使环境恶化，换气过量易使雏鸡受凉，浪费热量。

雏鸡小时，需要换气量少，排气扇短时开启，使舍内空气均匀，最好使用横向风机。设定时间控制短时开放。随着体重增加、换气量加大和温度的升高，由横向风机转为纵向风机。

(7)观察 每天按照以下要点观察鸡群状态（蹲在鸡群高度观察数处，感觉气流和气味），及时做好观察记录。

①观察鸡群有无聚堆现象，并及时调整温湿度、垫料、料线、水线。温度低时，雏鸡并列聚堆。温度过低、雏鸡叠堆。

②观察羽毛长势和状况，高温育雏羽毛发育迟缓，在30日龄左右容易感冒。一般公鸡2～3日龄生出主翼羽，4～5日龄长出副翼羽。开食或开水不良、温度过高、湿度不足易引起雏鸡出现应激反应、羽毛变薄或呈线状、羽毛有断线等；湿度过高，羽毛容易润湿、粘脏物；免疫引起应激反应则羽毛有断线。

③观察瘫痪和走路状态，观察有无瘫痪鸡，有则淘汰。引起瘫痪的可能原因有开食不良、垫料变薄、雏鸡脚部负担增大、受凉、疾病（如脑脊髓炎等）和维生素缺乏等。

④观察睡眠状况，正常应该是睡姿舒展，若雏鸡站着打盹可能是垫料温度低、换气不良、疾病等原因。

⑤观察呼吸情况，听有无呼吸道声音，1日龄后免疫应激反应，有呼吸道声音。8～10日龄免疫前，如果应激反应还未消失应投药等消除应激反应。否则8～10日龄免疫会加重疫苗反应，通常免疫应激反应两三天后会自然好。

⑥观察肛门，若出现糊肛，则可能是运雏车温度过低、预温不好、垫料温度低、雏鸡腹部受凉等原因造成。

⑦观察死亡雏鸡的状态，仰死（可能猝死）、蜷卧死（可能疾病）、侧死（可能大肠杆菌病）等。检查死鸡场所（换气、温湿度、垫料等），寻找死鸡规律。对死鸡进行解剖，查找病情，并进行详细记录。死鸡要集中焚烧。

⑧观察鸡粪，是否干燥、有无下痢、硬度、颜色、分布等。健康鸡的鸡粪为青灰色，被裹一层白色尿酸盐。

⑨观察雏鸡的叫声。温度过高，鸡群易受惊吓、尖叫。有异常叫

声应及时寻找原因,并采取对策。

(8)称重　一周龄雏鸡的饲养管理好坏,很大程度上决定本批次肉用仔鸡的饲养成绩。因此要对雏鸡进行抽样称重,判断饲养效果。

7日龄雏鸡体重大小可判断一周饲养管理的好坏,可随机按0.6%抽样称重。先用抓鸡围栏板圈住一定数量的鸡群,放入称鸡箱(小雏时可一箱20只,逐渐减为10只、8只、5只、4只等)称重并记录。圈内鸡群要全部称重,以避免人为误差。若鸡群内鸡个体间体重差距过大,要寻找体重不均的原因,如:料线、水线、贼风、温差、垫料、照明等。以后每周称重(同一时间段、同一地点),汇总记录入档,鸡群有固定生活区域不要轻易移动。

(9)疫苗免疫　在养鸡实践中,饮水免疫很常用,但容易出错,要特别注意。免疫前,先关闭总水阀,断水1～3小时。断水期间,进入鸡舍驱赶鸡群,促使其喝水。然后确认乳头是否已经无水。接着关掉靠近总水阀水线的阀门,确保每根水线都断水,否则影响免疫效果。

水苗比例,以饮水免疫当天4小时的饮水量按2%比例兑疫苗为所需水量。依据当日龄雏鸡只采食量(参考饲养手册)计算当日龄雏鸡只饮水量:一般是给料量的1.7倍(夏天2.0倍、春秋1.8倍)。因为有水量损耗,计算量加1～2小时水量,夏天更多。

稀释疫苗与注入加药器工作程序:取下过滤器,洗净后恢复原位,目的是过滤水中杂质,确保免疫效果。洗手,清洗加药器软管、水桶、搅拌器等,水桶中注水工具清洗干净。在水桶中把疫苗瓶起开、溶解于水中,冲净瓶及瓶盖,用搅拌器搅拌。为增加疫苗活力,加脱脂奶粉(15升水加500克),用搅拌器搅拌均匀。开水阀,让鸡群在2小时内饮完疫苗。如果井水使用氯等消毒药的话,免疫时要提前停止使用或加中和剂,否则疫苗容易死亡。手部、器材等绝对不能沾有消毒液。

免疫开始后查看乳头出水状况。每隔一定时间驱赶鸡群,确保鸡群全部喝到水。通常2小时左右，疫苗桶内水喝光，把加药器吸管倒立，不致浪费其中疫苗。10分钟后，关闭总水阀，驱赶鸡群，促使喝光水线内的水。观察水线水压管，打开排水阀，确认疫苗水是否喝光。打开总水阀，用加药器注入水线，目的是洗净加药器。免疫后清点疫苗瓶数量，确保免疫剂量。为避免疫苗污染环境，应集中焚烧处理疫苗空瓶。

免疫注意事项：平时每日调高水线，但免疫日为确保全部鸡只无一遗漏，暂时不调，免疫后再调整。一般情况是上午免疫，但炎热的夏季应早上免疫，原因是温度过高，疫苗容易失效。疫苗根据说明书进行保存。从冰箱取出后要尽可能溶解免疫，否则应立即放回冰箱，水温25℃以上会加快疫苗失效。

(10)设备检查　为给鸡群提供舒适环境，每天要检查料线、水线、排气扇、供暖系统。

(11)卫生与消毒　每天打扫卫生，关掉鸡舍外墙路灯(傍晚开启)，脚踏进消毒槽内，把消毒液倒往舍外，并清洗消毒槽。冲刷舍外消毒液痕迹。磕掉沾在水靴上的垫料和赃物，从操作间两头往中间扫除，垃圾放入垃圾袋，置于墙脚。最后倒入新消毒液(3%火碱水)。

(12)光照管理　下面提供两个光照制度供参考。

光照制度一：0～6日龄光照23小时，黑暗1小时；7～35日龄光照5小时，黑暗1小时，循环进行；36～42日龄光照23小时，黑暗1小时。

光照制度二：0～7日龄光照23小时，黑暗1小时；8～28日龄光照20小时，黑暗4小时；28～42日龄光照23小时，黑暗1小时。

(13)出栏　确认出栏预定表的鸡舍号、出栏日、出栏只数。出栏前断料8～12小时，确认料盘已空。关闭绞龙开关，卸下料斗，关闭料线开关，上升料线。抓鸡入箱，称重出栏。

四、肉用种鸡的饲养管理

肉用种鸡的饲养目的在于多产蛋、产优质种蛋，即不仅要产蛋多，而且所产种蛋要合乎种用标准，并且受精率高，最好全部种蛋都能孵出强健的小鸡。

为此，既要选好种鸡品种，要求种鸡遗传性能优良，又要做好饲养管理，以充分发挥品种遗传潜力。优良的品种遗传性能是内在的基础，良好的饲养管理是外在的条件，内在的基础和外在的条件相结合，就能培育出高产、稳产、高效率的种鸡群，取得最佳的经济效益。

由于肉用种鸡生长迅速、采食量大、脂肪沉积能力强、容易过肥超重而导致性机能衰退，产蛋减少，腿部疾病多，配种不灵活，受精率低。因此，肉用种鸡的饲养管理在技术上有三大关键：首先严格实行限制饲喂从而控制体重，其次提高鸡群的整齐度和一致性，最后是实施科学的光照管理，控制全群开产时间和进度。

在家禽饲养中，饲养肉用种鸡的技术难度可以说是最大的。

1. 育成优质高产肉用种鸡群的标准

肉用种鸡的培育期一般从出壳到开始产第一个蛋，包括育雏、育成两个饲养期。通常当育成到20～22周龄时，便转入产蛋种鸡舍饲养，到24～25周龄开始产蛋，利用一年或两年全部淘汰，再更换新种鸡群。生产种鸡群是否优质高产，关键在育雏、育成这一生长发育期的培育。因为这一时期，不仅会直接影响后备种鸡的生长发育和育雏育成率，而且影响到成鸡期的种用价值和生产性能。因此，必须高度重视，把它看作头等重要的工作。

衡量一个肉种鸡群的培育好坏标准，主要依据以下两项指标：

一是育成期结束的最后一天（即开产期的头一天）见到第一个蛋。如AA肉用种鸡育成期结束23周龄的最后一天，或在24周龄的头一天，见到第一个蛋，即表明达此指标，育成良好。二是见到第

一个蛋后的第 12 天，产蛋率达到 5%。通常一个肉种鸡群，育成鸡达到了上述两项指标，就可实现每羽入舍母鸡所产的可孵蛋达到或接近品种要求标准。这说明培育鸡在整个育成期的生长和均匀度是良好的，综合饲养管理是成功的。

2.育雏期的饲养管理

(1)育雏前的准备工作(参照雏鸡的饲养管理)

(2)雏鸡的饲养

①营养需要。根据品种的要求，科学搭配饲料。AA 鸡育雏期的饲养标准：粗蛋白 17.0%～18.0%，代谢能 2800～2915 千卡/千克。

②饮水。种用雏鸡的饮水最好用温开水，饮水的温度与舍温基本一致，如果雏鸡经长途运输，可在 2～3 天内饮给 3%～5%的白糖水或红糖水，每只鸡最少有 1.5 厘米的饮水位置，每 100 只小鸡供给 2 个能装 3.8 千克的饮水器，不会饮水的雏鸡，应强迫饮水。饮水器每天清洗 1～2 次，不能间断。

③饲喂。在第一次饮水后 2～3 小时开食，最初 3 天用饲料盘饲喂，将饲料均匀撒在饲料盘中，让小鸡采食，个别不会采食的小鸡可以人工帮助喂料，每隔 3 小时喂 1 次。4 天后改为小型料桶直到 0～3 周龄，3～6 周龄用中型料桶，每只鸡的占槽位约 5 厘米，每个料桶喂 20～30 只鸡。料槽的高度最好与鸡背一致，雏鸡 0～3 周龄自由采食，3 周龄以后开始限饲。

(3)雏鸡的管理

①饲养密度，参见肉仔鸡部分，密度可比肉仔鸡略微降低。

②舍内空气要保证新鲜，做好鸡舍的通风换气。

③种鸡的开产日龄与光照时间和强度有关。育成期不能增加光照时间和强度，否则会给母鸡带来“春天将来临”的信息，而加快繁衍后代的步伐，导致性早熟。产蛋期不能减少光照时间和强度，否则会

给母鸡感到“深秋即将到来”而准备换羽，匆匆结束产蛋。具体光照方法参照蛋鸡育雏部分。

3.育成期的饲养管理

(1)育成鸡的生理特点

①消化机能、体温调节基本健全，雏鸡开始脱温，采食量增加。

②骨骼和肌肉的生长都处于旺盛时期。

③12 周龄以后，性器官的发育尤为迅速。

④对环境条件和饲养水平非常敏感。

(2)育成期的饲养

①营养需要。详见各具体品种的饲养手册。

②限制饲养。限制饲养可以使体重标准、整齐度高、健康结实、发育匀称、适时开产，提高产蛋率和受精率，降低产蛋期的死亡率。

限制饲养有限质、限量两种方法。早在 1937 年就发现限制肉鸡育成期的采食量，可推迟性成熟期，初产蛋重增大。20 世纪 60 年代以后盛行肉用种鸡的限制饲养，起初对产蛋鸡进行限饲，喂以中等水平饲料，自由采食；继之对育成鸡采用喂低赖氨酸、高纤维饲料等，从质量上破坏饲料的营养平衡以控制鸡的体重，即所谓的“质的限饲”。进入 20 世纪 70 年代才开始“量的限饲”。目前，世界各地普遍采用限制饲料量的方法控制鸡的体重，同时随鸡龄的增长，适当降低饲粮能量和蛋白质水平。关于饲料量的限制程度，主要取决于体重的变化，具体要求参考所养品种的饲养手册。

采用限制食量的方法，但必须保证饲料营养充分。一般从第 4 周龄开始限饲。限制饲养方案有每日限饲、隔日限饲、喂 2 天停 1 天、五二制限饲或几种方法综合使用。

每天限饲：即 1 天喂 1 次，早晨将全日的饲料定额 1 次投喂吃完为止。此法限制强度低，对鸡群应激小。但不宜长期使用，否则均匀度不好控制。通常于育雏期的 4～6 周龄和产蛋前的 20～24 周龄时采用。

隔日限饲：即隔 1 天喂 1 天。在喂料日将 2 天的饲料定额在一天喂给(从 6 周龄开始)。此法强度最大，运用于生长速度较快的阶段(7～11 周龄)，优点是能较好地控制均匀度。

喂 2 天停 1 天：即连续喂 2 天后，停喂 1 天，把 3 天的料均分在 2 天喂饲日喂给。此法强度较大，适用于 12～15 周龄。

五二制限饲：星期日、星期三停料，星期一、四喂 2 天的料，星期二、五、六喂当天的料。此法强度适中，对鸡群应激不大，且能较好地控制均匀度，一般适用于 15～19 周龄。

在具体实施时，要查明出雏时间，根据称量的体重变化灵活掌握限制饲养的方法。

(3)饲料进食量　每周的饲料进食量应根据全群的平均体重来决定。

①体重超过标准时，继续保持上周的进食量，直到符合标准为止。

②体重在标准以下时，喂给下周的进食量，直到符合标准为止。

③整齐度太差时，按体重大小分等级饲养(太重、标准、太轻)。

④鸡群发病时，改为自由采食。

(4)标准体重的测定与均匀度　详见蛋鸡部分。

(5)饮水控制　在育成期内对种鸡实施限制饮水已广泛应用于生产实践。这种方法有助于减少舍内氨气浓度，防止垫料潮湿。这也是降低种鸡腿、爪疾患，创造舒适小气候环境的主要措施。

育成期使用的限水方案也可以在产蛋期使用。

①在喂料前 30 分钟和鸡只吃完料以后的 1～1.5 小时之内，必须保证连续供水。当停止供水时，鸡只嗉囊应比较松软(用手触摸)，否则应继续供水，鸡只饮水量不足时，会导致鸡嗉囊坚硬或饲料嵌塞于嗉囊中，造成组织坏死。

②在天气凉爽时，下午供水 2 次，每次 30 分钟。最后一次供水

应在停止光照之前，并保证每只鸡都饮足。如果这种方法导致粪便过稀，可在下午减少一次供水或两次供水都改为 20 分钟。

③在天气比较暖和时(25～29℃)，傍晚要供水 1 次，30 分钟。最后一次供水应安排在停止光照之前，约 1 小时。温度增高水量增加。在气候炎热时，供水多比供水少好，粪便中含水量可作为调节供水量的指标。

④气温高于 30℃时，每小时需供水 20 分钟。在极端炎热天气，停止限制饮水。

⑤供水系统应能保证在 5 分钟之内把水输送到舍内所有的饮水器。如果鸡舍很长，供水系统可能达不到上述要求，但只要对饮水管线稍加改造，即可解决问题。

⑥理想的方法是使用定时钟和电磁来控制供水时间。此外还要设置手动阀门，以备急用。对于多层鸡舍，要经常检查控水阀门，防止水由高层向低层回流或渗漏，保证高层正常供水。

⑦当喂料量改变时，供水计划也要随之调整。这一点在鸡群开产初期特别重要。可以借助用手触摸鸡只嗉囊的方法来检查供水情况，帮助制定供水计划。

⑧使用限制饮水程序时，当水管内部处于无水状态时，增加了细菌污染的危险性。要注意饮用水的消毒，保持饮水卫生。

⑨使用乳头饮水器时，不需要使用限制饮水方案。

如果限水计划使用得当，可以保证垫料干燥，环境舒适，为种鸡产蛋创造舒适的环境。当然还需要经常性的检查和监督。饮水器应处于良好的工作状态。所有与供水相关的设备必须经常检查，以便在需要时及时供水。

(6)育成期的管理

①饲养密度。每平方米饲养 6～7 只鸡。

②料槽位置。每只鸡占据料槽位置 15.2 厘米，固定位置，便于就近采食。

③光照计划。根据出雏日期、鸡舍类型等制定切实可行的光照计划。因为鸡的性成熟及产蛋受光照时间的长短及光照强度的影响，一般来说，育成鸡在12周龄以后，性器官才迅速发育，前期对光照的敏感度相对较低。为了工作方便，一般在1～13周龄均采用自然光照。14周龄后根据出生月份给予相应的光照。

1～2月份出生的鸡，1～20周龄采用自然光照，20周龄以后开始增加光照，22周龄增加到16小时光照，此时光照的强度为2.7瓦/米^2，直到产蛋结束。

3～4月份出生的鸡，1～16周龄采用自然光照，17周龄后增加光照，18～21周龄增加到15小时光照，22周龄增加到16小时光照，直到产蛋结束。

5～6月份出生的鸡，1～14周龄采用自然光照，16周龄增加到14小时，18～20周龄增加到15小时，22周龄增加到16小时光照，直到产蛋结束。

7～9月份出生的鸡，1～13周龄采用自然光照，14周龄增加到12小时，18周龄增加到13小时，22周龄增加到15小时，24周龄增加到16小时光照，直到产蛋结束。

10～12月份出生的鸡，1～22周龄采用自然光照，22周龄后增加到16小时光照。

④种公鸡的选择。种公鸡第1次选择的时间在6～8周龄，选择体质健壮、无外伤、活力强的鸡留用，剔除不合标准的公鸡。种公鸡第2次选择的时间在18周龄前，每100只母鸡配12只公鸡。

4.产蛋期的饲养管理

肉用种鸡产蛋期是指种母鸡群性已完全成熟，从产蛋率达到5%（约25周）开始，直到产蛋期结束这一段时间。全期产蛋时间为40～42周，这一时期是进一步获取高产稳产、取得良好经济效益的重要时期。

(1)饲养方式和饲养阶段

①饲养方式。目前肉种鸡产蛋采用的饲养方式主要有3种:专用产蛋鸡舍的一阶段饲养法;育成—产蛋同舍的二阶段饲养法;育雏—育成—产蛋同舍的三阶段连贯饲养法。

3种方式各有利弊,但目前三阶段饲养法采用较多。因为这一方法从育雏、育成到产蛋淘汰,都在同一鸡舍内完成,可大大减少捉鸡转群所造成的鸡群应激、损伤和劳力负担。采用专用产蛋鸡一阶段饲养法,育成种鸡一定要在18～20周龄时转群入舍定居。

②饲养阶段。产蛋期内鸡群产蛋率,在正常情况下会呈现出一种非常有规律的产蛋曲线。这种由不同周龄、不同产蛋率所形成的产蛋曲线(图6-1),可将整个产蛋期及其前面的预产期划分成4个阶段:开产前期、产蛋上升期、产蛋高峰期和产蛋下降期。饲养阶段不同,饲养特点也不同。

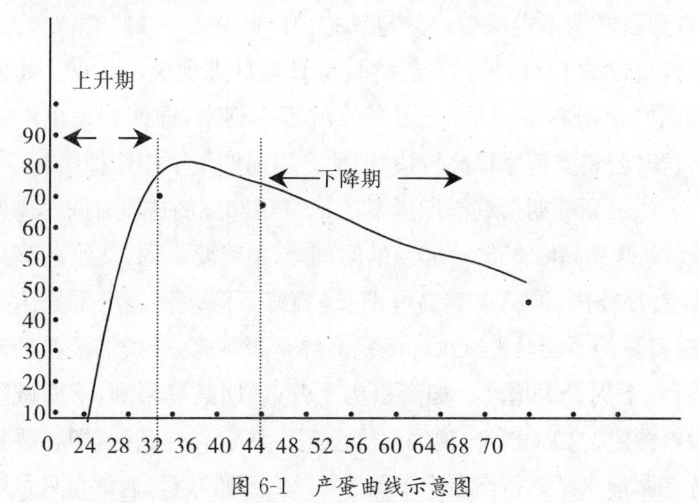

图6-1　产蛋曲线示意图

·开产前期,又叫"预产期",即在开产前4～6周这一时期。开产前期是一个由不产蛋到产蛋的转变时期,目的在于使种鸡熟悉环境,做好开产前的准备。

a.首先要将育成鸡料逐渐变为预产母鸡料,并继续实施限饲计划，直到日产蛋率达5%时改为每日给饲法。开产前7天开始让母鸡自由采食碳酸钙，产蛋率达5%后，改为将碳酸钙按比例混入日粮，为母鸡开产做好营养准备。

b. 其次，要将控制光照变为增加光照，即由原来的每日8～10小时光照，逐渐增加到14～16小时。

c. 如为公母分养，此期可放入公鸡混养，公母比例一般为1∶(10～13)。

d. 要进行鸡新城疫、传染性支气管炎、传染性法氏囊病灭活苗或中等毒力弱毒苗预防接种和寄生虫驱除工作，以确保安全。

· 产蛋上升期指母鸡群从开产到产蛋高峰这段时期，即从24周龄到30周龄左右为产蛋上升期。这期时间为5周左右，但产蛋率从5%剧增到80%以上，体重由2.6～2.9千克增加到3.2～3.4千克，因此，供应的饲料量应有较快的增加，一般要求每日每只增加2～3克，直到高峰期不得减少，当产蛋率上升到30%～50%时，要给予高峰喂料量(AA肉种鸡为27周龄)，每只鸡日进食量160克。如果在临近高峰期喂料量不足，产蛋高峰就不会到来，即使到来也不会持久。这时公鸡受精率提高较快，但前2周内的蛋不能作种用。

· 产蛋高峰期指鸡群产蛋率达80%～86%的这段时间。产蛋率从5%上升到高峰85%～86%的时间，AA鸡要8周，艾维菌鸡只要6周，上升较快，但AA鸡高峰期长，高峰下降缓慢。产蛋量达高峰时，喂料量绝不能马上减少。测定高峰是否到来，可增加喂料量连喂一周，看下周是否增产。如产蛋仍上升，说明高峰未到，下周做同样的增料测定。如无增产，说明高峰已到。认定高峰已到，即将喂料量保持在测前水平。待产蛋率下降了4%后开始减料，通常每只每周减料1～2克，减料要随气温升降而变化。如因减料引起较大幅度产蛋下降或平均蛋重减轻，则应立即恢复原喂料水平。到鸡淘汰时止，减料总量不宜超过高峰喂料量的10%。此期蛋形和受精率较稳定。受精率和孵化率都较高。

·产蛋下降期指鸡群从产蛋高峰期后至淘汰这段时间。产蛋曲线表现为缓慢下降,至 64 周龄时,产蛋率下降到 57%～58%。此期种鸡易沉积脂肪,造成过肥。到后期蛋壳会逐渐变薄,种蛋合格率会下降。为使产蛋曲线下降变慢,有的在淘汰前 4 周增加光照 1 小时,即将每日光照时间定为 16～17 小时,以强化延长产蛋期,增加产蛋量。当产蛋量快速下降,产畸形蛋和无壳蛋,即使补喂钙质也无效时,应及早淘汰。

(2)产蛋期的饲养

①营养需要。具体营养需要参考所养品种饲养手册。

②饲喂量及饲喂时间、次数。参照所养品种饲养手册,一般分两次饲喂,上午 9 时,下午 3 时。在实践中,产蛋期的喂料量,必须根据产蛋率、饲料品质、环境温度、鸡群体质、健康状况、平均体重和均匀度的不同而变化,加以灵活应用。

③试探性增减喂量。当初产母鸡产蛋上升停止时(不正常下降),可以用试探的方法探明是否达到产蛋高峰。方法是:每 100 只鸡再加喂 0.23 千克饲料,一直喂到第 4 天时观察产蛋率。如果产蛋率有所增长,则按增加的饲喂量喂下去;如果无反应,就恢复到原来的饲喂量,以防浪费饲料和营养过剩造成体重过大。

④稳定饲料的种类和营养成分。

(3)产蛋期的管理

①饲养密度。地面散养 4～4.5 只/米^2,笼养可按饲养量规格大小进行。

②料槽位置。每只鸡最少占有 10～15.2 厘米(一侧长度),每个料桶喂 12 只鸡,料槽的高度与鸡背高度一致,料桶分布要均匀。

③产蛋箱。鸡群生长到 18 周龄时,就把准备好的产蛋箱放入鸡栏内,让其熟悉环境。为了保护种蛋的清洁,产蛋箱的垫料要随时更换、保持清洁卫生。每 4 只母鸡要求设一个产蛋箱。产蛋箱宽 35 厘米,长 40 厘米,两层高度 35 厘米左右,箱顶呈 45°倾斜,箱门外设一

鸡踏脚板，底板向后倾斜 6～8 度，后板设一蛋槽。

④光照。产蛋期的光照直接影响产蛋量。要求有足够的光照时间和强度，时间为 16 小时，灯光强度一般平均每平方米 2～3 瓦，照度均匀，灯光要安装合理，定期擦拭，坏了的灯要及时更换，光照的时间要恒定不变，不可减少。

⑤日常管理。对鸡舍内的设备及墙壁和地面要定期消毒，如用 0.1%的新洁尔灭或生石灰水喷洒等。鸡舍门口要有消毒设施，以保持舍内清洁卫生。一般每 2～3 天清粪一次，不要间隔时间太长。经常通风，保持舍内空气新鲜。注意观察鸡群，主要观察鸡群的精神、食欲和粪便等情况。对呆立、不出圈的鸡要仔细观察。对有病征和不吃食的鸡要取出隔离观察。要经常检查粪便是否有异常。维持环境条件相对的稳定。鸡对环境的变化非常敏感，同时胆小、易受惊吓，突然的声响、晃动的灯影等都可能引起惊群。一般要求定人定群、按时饲喂、动作要轻稳，减小出入次数。设置足够的料槽、水槽，经常刷洗、定期消毒。料槽 6.5～7.5 厘米/只，水槽 2～2.2 厘米/只（一侧长度）。大群产蛋鸡每天最少要检蛋 4 次，要轻拿轻放，产蛋箱要放在鸡舍内光线较暗的地方，铺有干净而又干燥的垫料，种蛋要及时消毒。每天松动一次垫料，经常添补垫料。饲喂适量的砂粒。准确记录采食量、产蛋数、死亡数、异常情况等。

(4)季节管理　参照蛋鸡部分。

(5)利用年限及鸡群更新　肉用种鸡第 2 年产蛋量下降较多，加之体重过大，耗料高，一般采用 62 周龄淘汰，优秀者可适当延长到第 2 年。

第七章

鸡的免疫程序与常见病的防治

一、肉鸡的免疫程序

1.参考程序一

(1)4 日龄 预防传染性支气管炎，应用传支 H120，滴口或滴鼻。

(2)7 日龄 预防法氏囊炎，应用中毒株疫苗(法倍灵)，滴鼻、点眼或滴口。

(3)10 日龄 预防新城疫，应用Ⅳ系苗，如 Lasota 苗或克隆化的 n79 等，滴鼻或点眼。新城疫疫区或发病严重的鸡场，可将活疫苗与灭活苗同时作用，即用 1 头份活疫苗滴鼻，同时用 0.2 毫升新城疫油佐剂灭活苗肌肉注射。

(4)14 日龄 预防传染性支气管炎，应用呼吸型、肾型、腺胃型传染性支气管炎油乳剂灭活苗 0.3 毫升，肌肉注射。

(5)17 日龄 预防法氏囊炎，应用中毒株疫苗(法倍灵)，饮水给予。

(6)28 日龄 预防新城疫，应用 Lasota 苗，饮水给予。

2.参考程序二

(1)1 日龄　马立克氏病疫苗，皮下或肌肉注射。

(2)3 日龄　新城疫克隆 30，滴鼻或点眼。

(3)7 日龄　肾型传染性支气管炎疫苗，按说明使用。

(4)12 日龄　传染性法氏囊炎油苗(弱毒)，滴鼻或点眼。

(5)18 日龄　新城疫Ⅳ系苗，饮水给予；新城疫油苗，肌肉注射。

(6)26 日龄　传染性法氏囊炎油苗(中毒)，滴鼻或点眼。

二、蛋鸡的免疫程序

1.参考程序一

(1)1 日龄　马立克氏病疫苗，皮下或肌肉注射。

(2)3 日龄　新城疫Ⅱ系苗，滴鼻或点眼。

(3)7 日龄　新城疫—肾型传支二联苗，滴鼻或饮水给予。

(4)12 日龄　新城疫Ⅳ系苗，滴鼻或点眼；新城疫油苗，肌肉注射。

(5)16 日龄　病毒性关节炎疫苗，饮水给予。

(6)20 日龄　传染性法氏囊炎疫苗(中毒)，滴鼻或点眼。

(7)25 日龄　鸡痘疫苗，翅下刺种；鸡传染性鼻炎油苗，肌肉注射。

(8)30 日龄　新城疫—传染性支气管炎 H52 二联苗，点眼或饮水给予。

(9)35 日龄　传染性喉气管炎疫苗(发病区)，点眼。

(10)41 日龄　传染性法氏囊炎疫苗(中毒)，饮水给予。

(11)60 日龄　新城疫Ⅰ系苗，肌肉注射。

(12)70 日龄　鸡痘疫苗，翅下刺种。

(13)80 日龄　传染性脑脊髓炎疫苗，饮水给予。

(14)90 **日龄** 传染性喉气管炎疫苗(发病区),点眼。

(15)120 **日龄** 新城疫－减蛋综合二联油苗,肌肉注射。

(16)130 **日龄** 病毒性关节炎油苗,肌肉注射。

(17)140 **日龄** 传染性法氏囊炎油苗,肌肉注射。

(18)300 **日龄** 传染性法氏囊炎油苗,肌肉注射。

2.参考程序二

(1)1 **日龄** 马立克氏病疫苗,皮下或肌肉注射。

(2)3 **日龄** 新城疫克隆 30,滴鼻或点眼。

(3)7 **日龄** 新城疫－传染性支气管炎 H120 二联苗,滴鼻或饮水给予。

(4)12 **日龄** 鸡传染性法氏囊炎疫苗(中毒),滴鼻或点眼。

(5)18 **日龄** 新城疫Ⅳ系苗,饮水给予;新城疫油苗,肌肉注射。

(6)26 **日龄** 鸡传染性法氏囊炎疫苗(中毒),滴鼻或饮水给予。

(7)30 **日龄** 传染性支气管炎疫苗(发病区),点眼。

(8)36 **日龄** 鸡痘疫苗,翅下刺种。

(9)42 **日龄** 传染性喉气管炎疫苗(发病区),点眼。

(10)60 **日龄** 新城疫Ⅰ系苗,肌肉注射。

(11)70 **日龄** 传染性喉气管炎疫苗(发病区),点眼。

(12)80 **日龄** 鸡痘疫苗,翅下刺种。

(13)120 **日龄** 新城疫－减蛋综合症二联油苗和新城疫Ⅰ系苗,肌肉注射。

三、鸡免疫接种需要注意的问题

目前,随着养殖业向集约化、工厂化饲养方式的发展,鸡养殖过程中的传染病也日趋复杂化和综合化。因此,“预防为主,防重于治”的原则也越来越被广大养殖者所重视。对鸡传染病的预防,大都是通过使用疫苗或菌苗的接种,诱发其产生抗体而达到目的。然而在实际工作中,人们往往对免疫理论和技术缺乏了解,从而影响了免疫的效果,造成了不应有的经济损失。做好鸡免疫接种工作要注意以下问题。

(1)疫苗的选择 首先做好疫苗的选择,疫苗应选用正规生物制品厂生产的。瓶上无标签或字迹模糊不清的不要使用,不选用那些没有常规疫苗保存设施的单位出售的疫苗(包括经常停电的地方),过期、瓶塞破损和变质的疫苗坚决不能使用。

(2)疫苗的运输和保存 大多数养鸡场所使用的疫苗,在运输过程中常常不能达到所规定的具体要求,疫苗中的活毒株或活菌株死亡得多,因此,疫苗中的抗体效价就会降低。尤其是有的养殖者在购买疫苗后,拿起就走,不顾温差的高低,不采取一定的措施,等到家后,甚至冻干苗已接近正常环境温度了,这样的疫苗,效价下降更严重。在实际给鸡群接种后,效果就会受到明显影响。因此一定要重视运输过程。同样,疫苗买回来后,若立刻接种不了,一定要严格按说明书规定的条件来保存,这样才能充分保证其质量,达到理想的免疫接种效果。

(3)接种剂量 疫苗的剂量是由科技人员通过反复试验确定下来的,具有严谨的科学性,不得随意改动。但在实际工作中,发现有许多养殖者喜欢超剂量使用,其实,只要疫苗的质量没有问题,免疫方法又得当,完全没必要超剂量使用,否则,不仅不能使鸡产生相应的免疫能力,反而还会酿成严重后果,造成一定的经济损失。

(4)正确稀释疫苗 各种疫苗所需要的稀释剂、稀释倍数及稀释的方法都有一定的规定,必须严格按照使用说明书上的规定进行操作。疫苗稀释时,最好选择专用的疫苗稀释液,没有疫苗稀释液,可用生理盐水代替,疫苗稀释后要充分摇匀,并将稀释好的疫苗做好标记,禁止稀释疫苗、接种疫苗的器械和消毒药品接触,以防止消毒药品杀伤活疫苗。此外还要特别注意一点:疫苗要现用现稀释,不可稀释时间过久后再使用。

(5)制定合理的免疫程序　免疫程序是制定对鸡进行免疫接种的日期和顺序。它的制定一方面要根据当地鸡群传染病的流行情况,疫苗尽可能在疫病发生之前的一段时间使用;另一方面要使疫苗在机体免疫效果最佳的时间内使用。此外还要考虑抗原抗体的影响。尽最大努力使免疫程序制定得科学化、合理化。免疫程序一旦制定,必须要严格遵守执行。

(6)疫苗间的干扰作用　在使用几种疫苗或联苗时,应考虑彼此间的干扰作用,避免造成免疫效果不佳。一般来讲,可以联合使用的疫苗,生产厂家已将其配合在一起制成了联苗。因此,在实际操作中,不要擅自将不同毒力和种类的疫苗混合使用,这样不但不能获得应有的免疫效果,反而会造成一定的经济损失。

(7)接种方法　常用的接种方法有肌肉注射、滴鼻、点眼、饮水、刺种、气雾等。不同疫苗选用不同的接种方法,有的疫苗甚至有几种接种方法,原则上应选择能使机体产生抗体最快、最佳的部位进行接种。如肌肉注射时,应选择肌肉丰满而又远离大血管和神经的部位。

(8)加强饲养管理,减少免疫应激　平时要加强饲养管理,做好卫生消毒工作,增强鸡体对疾病的抵抗能力。在进行免疫接种前4～5小时要使用抗应激药物,减小应激对免疫效果的影响。

(9)免疫接种后的处理工作　免疫接种后所使用的器械,要严格消毒,疫苗瓶应放入火中焚烧,以防弱毒疫苗遇到适宜的环境复壮而变成污染源,带来后患。

四、鸡病的一般预防措施

(1)鸡场的选择　在选址建养鸡场时,应考虑到防疫卫生问题。鸡场应选择地势高燥、交通方便、来往人少、污染少的地方。

(2)检疫与隔离　鸡场应有严格的检疫制度和隔离措施。首先凡进场鸡只或种蛋均应检疫,活鸡还应隔离观察20～30天,确实证明为无病的健康鸡才准进场。其次凡经免疫接种的鸡只,应抽样检测鸡只的免疫保护力。

鸡场的生产区与生活区应严格隔离开，两者交叉口应设消毒池。鸡场生产区严格谢绝领导、参观者、顾客、非生产人员进入。场内工作人员均应穿戴防护衣帽，禁止带食品入内，禁止工作人员参观其他禽场，特别不准到集市购买禽蛋及蛋制品。

(3)**建立消毒制度** 养鸡场应制定消毒计划，消毒应包括饮水、房舍、用具、孵化室、孵蛋、车辆、粪便等。消毒工作包含两方面，一方面是经常性消毒，即对孵化室、孵蛋、蛋盘、车辆、用具等的消毒；另一方面为定期的消毒，即鸡群转换时全进全出后的全面消毒或发生疫情时的彻底消毒。

(4)**预防接种** 全场每年应有鸡防疫接种计划，制定好免疫接种用的疫苗种类和免疫程序，有计划地进行，不可遗漏。

(5)**尸体处理** 养鸡场总有些鸡只死亡，对这些鸡需要进行严格无害处理，否则极易造成传染病的传播。处理的方法很多，有焚烧法、深埋法、高温处理法。

(6)**预防驱虫** 预防鸡球虫、蛔虫及其他寄生虫。此项工作常结合饲喂添加剂进行。有关预防性驱虫及驱虫药使用方法见寄生虫病部分。

(7)**建立鸡病记录登记卡** 场内预防措施和疾病防治情况均应及时记录登记，以便保存。

五、鸡场发生传染病时的处置

养鸡场一旦暴发传染病应采取果断措施，迅速扑灭疫情，防止疫情扩大，以减少损失。

(1)**尽早诊断，及时发现** 养鸡人员应经常观察鸡群，发现病鸡应立即报告，请兽医及早诊断，并采取紧急的措施，使疫情尽早扑灭在小范围内。

(2)**迅速隔离** 发现病鸡，应迅速将病鸡隔离，其他鸡群定为假

定健康群，同时对病鸡及早诊断或治疗，必要时可封锁。

(3)紧急消毒和接种　在严格控制和隔离病鸡后，所有被病鸡接触过的房舍、用具、饲料、饮水、垫草等均应立即消毒。在病鸡诊断出疾病后或疑似为某些传染病时，应用相应的疫苗或菌苗对假定健康鸡实行免疫接种。

(4)及早确定淘汰　一般在确定诊断后，如病鸡的数量不多，应立即淘汰所有病鸡。这是一项扑灭传染病的有效措施。

(5)严格处理死鸡　场内不得随意存放死鸡，严禁饲养员和工作人员食用和剖解死鸡。剖解必须由兽医在指定地方进行。

(6)报告及记录　场内如发生传染病应报告兽医站和友邻养鸡场，同时本场应做记录。

六、鸡的常见疾病防治

(一)鸡的传染性疾病

1.禽流行性感冒

禽流行性感冒(AI)又称真性鸡瘟或欧洲鸡瘟，是由甲型流感病毒的亚型引起的传染性疾病，其特征表现出明显的呼吸系统症状、产蛋量降低或致死率很高的急性致死性出血性疾病。

(1)病因　由禽流感病毒引起。按病原体的类型，禽流感可分为高致病性、低致病性和非致病性三大类。流感病毒对热也比较敏感，阳光直射下 40～48 小时即可灭活该病毒，如果用紫外线直接照射，可迅速破坏其感染性。56℃加热 30 分钟，60℃加热 10 分钟，65～70℃加热数分钟即丧失活性。

在自然条件下，存在于鼻腔分泌物和粪便中的病毒，由于受到有机物的保护，具有极大的抵抗力。

(2)易感性　许多家禽和野禽、鸟类都对禽流感病毒敏感。家禽中火鸡、鸡、鸭是自然条件下最常受感染的禽种。病毒通过病禽的分泌物、排泄物和尸体等污染饲料、饮水及其他物体，通过直接接触和间接接触等多种途径发生感染，呼吸道和消化道是主要的感染途径。

(3)症状 禽流感的潜伏期从几小时到几天不等，其长短与病毒的致病性高低、感染强度（毒株的毒力）、传播途径、感染禽的种类、年龄、性别、并发感染情况及其他环境因素等有关，可表现为急性、亚急性及隐性感染。病禽主要表现为呼吸道、消化道、生殖道及神经系统的症状。如体温升高，流泪，身体蜷缩，头面部水肿，冠和肉垂发绀，饮食减少或废绝；有神经症状者头颈部扭转，共济失调，不能走动和站立。母鸡产卵量下降，呼吸道症状表现明显，如咳嗽，喷嚏，有啰音，呼吸困难，重者张口呼吸或有尖叫声。以上这些症状可能单独出现，也可能几种症状同时出现。有继发感染时，可出现继发病的相应症状。

当出现急性暴发时，没有明显症状即可见到鸡只死亡。因毒株的致病力不同，死亡率从 0～100%不等。有继发病时，死亡率会增加。

(4)病变 禽流感的病理变化因感染病毒株毒力的强弱、病程长短和禽种的不同而变化。

高致病性禽流感的主要特征是暴发时鸡的突然死亡和高死亡率，几乎见不到明显的眼观病理变化。但有些毒株也可引起某些非特征性的充血、出血及局部坏死等病变；有的头面部水肿，窦炎、气管黏膜有轻度水肿，并有数量不等的浆液性或干酪样渗出物；有的肉垂，冠发绀、充血；有的可见到肝、脾、肾、胰的坏死灶等。

低毒力毒株引起的蛋鸡最常见的大体肉眼病变是卵巢退化、出血和卵子破裂，输卵管发炎，蛋性腹膜炎；内脏尿酸盐沉积（内脏型痛风），肾脏肿大，肺充血和水肿，气管炎，肠炎及气囊炎。

(5)诊断 根据流行病学、临诊症状及剖检变化只能做出可疑诊断。由于禽流感的现场表现（发病特点、症状及剖检变化）差异较大

且无典型性，确诊必须依靠病原分离鉴定及血清学试验。

(6)治疗　目前对禽流感尚无特异性的治疗方法，流行过程中不主张治疗，对高致病性禽流感应根据农业部的相关规定采取根除措施，以免使疫情扩散。特异性抗流感血清及抗体早期有效。盐酸金刚烷胺有一定疗效，但并不确定（已禁止使用）。应用抗生素主要是防止或减轻继发感染和细菌病并发症。其他多种方法也属于对症疗法，不宜过分夸大其疗效，以免误导。

(7)预防　禽流感是世界性分布的疫病，对该病的防控各国都很重视，我国从多方面采取严加防范的措施，一旦有高致病性流感暴发，造成的经济损失将无法估计，对养禽业可造成毁灭性的打击。

①防止禽流感从国外传入我国。海关应对进口的禽类，包括家禽、野禽、观赏鸟类及其产品进行严格检疫，把好国门关。

②我国一旦发生可疑禽流感时，要组织专家及早确诊，鉴定所分离的禽流感病毒的血清亚型、毒力和致病性。划定疫区，严格封锁，扑杀所有感染禽流感的禽类，并进行彻底消毒，按照我国动物防疫法和农业部的要求，严格执行防疫措施。

③各地在引进禽类及其产品时一定要从无禽流感的养禽场引进。

④对查出血清学阳性的养禽场，一定要采取可行的措施，加强监测，密切注视流行动向，防止疫源扩散。

⑤没有本病发生的地区和养禽场，应加强饲养管理，定期检测禽群，防止禽流感的传入和发生。

⑥应尽量减少和避免野禽与家禽、饲料和水源的接触，防止野禽进入禽场、禽舍和饲料储存车间，注意保持水源卫生。

⑦免疫接种，禽流感灭活疫苗已得到广泛的应用，现有 H_5、H_7 和 H_9 亚型禽流感毒株灭活疫苗及基因工程苗。由于禽流感众多的血清亚型之间缺乏明显的交叉保护，给免疫预防带来很大的困难。制作疫苗毒株的亚型一定要与发病地区（场）的流感毒株血清亚型一

致，才能收到良好的预防效果。采用多种亚型复合苗免疫可能更为安全有效。

2.鸡新城疫

鸡新城疫(ND)是国际通用名称，在我国通称“鸡瘟”，或称亚洲鸡瘟。鸡新城疫是病毒引起的一种传播迅速的急性传染病。特征是呼吸困难、脑炎(神经机能紊乱)和下痢。此病流行于我国各地。

(1)病因 由鸡新城疫病毒引起。潜伏期为3～5天。新城疫病毒存在于病鸡所有器官组织、体液、分泌物和排泄物中，其中以脑、脾、肺含病毒量最高，骨髓中病毒存活时间最长。新城疫病毒在垫草中可存活2个月，在鸡尸体内可存活12个月，在活鸡体内可长久存在。在阳光直射下30分钟死亡。

(2)易感性 所有年龄的鸡均可感染，雏鸡和幼雏死亡率高，人可引起眼部感染和带毒。

(3)传播 经空气、工作人员、用具、饲料、饮水可传染。本病传播不受季节影响。

(4)症状 本病在症状上可分为最急性型、急性型、亚急性型或慢性型。

①最急性型。突然发病，无特征症状，迅速死亡，多见于流行初期的雏鸡。

②急性型。体温升高达43～44℃，减食或拒食，精神萎靡，不愿走动，垂头缩颈，翅膀下垂，眼半闭似睡，鸡冠及肉髯变暗红色或紫色，病鸡呼吸困难，伸颈张口，有液体自鼻孔及嘴流出，时有甩头，并发出“咯咯”声。嗉囊充满液体，倒提时有大量液体从口流出。粪便稀而呈黄绿色或黄白色，时有少量血液，肛孔黏膜出血。有时出现神经症状，如腿、翅膀瘫痪，颈略弯曲等。病程2～5天，死亡率较高。

③亚急性或慢性型。病初症状似急性，后渐减轻，且出现神经症状，如腿和翅麻痹、跛行或卧下不起、头颈向后或向一侧扭转、无目的

旋转，经10～20天死亡。此型多见流行后期。

(5)病变　急性型的剖解可见全身浆膜黏膜出血，整个呼吸道炎症严重，气囊、气管、肺有渗出物。腺胃黏膜水肿，其乳头或乳头间有明显出血点，或溃疡和坏死。嗉囊充满酸臭液体和气体。盲肠和直肠有出血。雏鸡颜面多水肿，其他和成年鸡相同，但病变较轻。

(6)诊断　诊断时注意上述各种表现。确诊一般要通过实验室检查，即取出脑、脾等组织碎成乳剂，接种鸡胚，然后分离病毒，做血球凝集抑制试验。

(7)治疗　无特殊疗法。发病早期采用新城疫高免血清、高免卵黄抗体或提取物治疗有一定效果，亦可采用鸡新城疫Ⅰ、Ⅳ苗5～10倍量紧急注射或饮水，鸡新城疫油乳灭活苗紧急接种，对亚急性型或慢性鸡新城疫病有一定的保护作用，但仅限用于健康鸡或假定健康鸡，病鸡接种会加速死亡。

(8)预防　通过注射疫苗来增强鸡群的免疫力，从而达到预防的目的。做好预防接种要注意以下几点：

①合理选用疫苗。目前我国的鸡新城疫有不同毒力的活苗：Ⅰ系苗又称Mukteswar株，是中等毒力的活苗，用于经过2次弱毒力的疫苗免疫后的鸡或2月龄以上的鸡，主要用来加强免疫，多用于肌肉注射，3～4天后产生免疫力，保护期可达1年，但对某些品种（如来航鸡）有反应。Ⅱ系苗又称B_1株，Ⅳ系苗又称Lasota株，都属于弱毒力的活苗。其中Ⅳ系苗毒力稍高，它不用于1周龄以内的雏鸡。3种苗可做饮水、气雾免疫及滴鼻、点眼、肌肉注射免疫等。

②合理安排接种时间。免疫接种应注意雏鸡体内母源抗体的存在和水平。母源抗体能中和疫苗中的病毒，影响免疫力。通常在10日龄以后雏鸡母源抗体水平下降，故可预防接种。

③免疫程序。通常用Ⅱ或Ⅳ系苗作为初次免疫和第2次免疫，最后用Ⅰ系苗或油乳灭活苗加强免疫。具体免疫程序如下：

·1～10日龄雏鸡用新城疫Ⅱ系苗，用灭菌生理盐水稀释后，滴鼻孔和眼各一滴，或采用气雾接种，7～10 日龄雏鸡也可用Ⅳ系苗饮水或滴鼻、点眼。

·2 周后用Ⅳ系苗饮水。在投放疫苗前，停水 2～3 小时，而后投放疫苗，使每只鸡饮入约 5 毫升或者再滴鼻一次。

·2 月龄时，用鸡新城疫Ⅰ系苗免疫接种一次，或注射鸡新城疫油乳灭活苗。

3.鸡痘

鸡痘(FP)是由病毒引起的鸡的一种接触性传染病，其特征为痘疹、结痂、脱落。一般分为皮肤型和黏膜型。前者在皮肤上(主要在头部皮肤)有痘疹，而后结痂、脱落；后者主要在口腔黏膜或喉黏膜有纤维性坏死性炎症，常形成假膜，故又称鸡白喉。此病可致生长迟缓，减少产蛋，雏鸡常大批死亡，损失严重，应引起重视。

(1)病因 鸡痘由鸡痘病毒引起。鸡痘病毒在细胞内可存活 3～4 年。加热 60℃要 3 小时才被杀死；2%氢氧化钠、1%醋酸可于 5 分钟内杀死病毒；在腐败环境中病毒可迅速死亡。

(2)易感性 各种年龄的鸡均可感染，多为接触传染，如啄斗和蚊虫叮咬等。本病发病不分季节，但多于春秋发病。发生缓慢，所造成损失严重。

(3)症状 潜伏期 4～8 天，依部位不同有以下 3 种：

①皮肤型。病变以头部皮肤为主，有时可见于腿、脚、翅内侧、泄殖腔等。常见冠、肉髯、喙角、眼皮、耳球有细薄灰白麸皮样覆盖物，后成结节。结节初期为灰色，后为黄灰色，逐增大如豌豆，表面凹凸不平，呈干硬结节，内含黄脂样物。结节可融合成大块厚痂，使眼完全闭合。一般无全身症状，但雏鸡有食欲减退、精神不佳、生长停滞等症状。

②黏膜型。常见于小鸡和青年鸡，死亡率高。初为鼻炎症状，病鸡厌食，精神萎靡，鼻流液，眼结膜充满纤维性渗出物，视力减退。不

久口腔、咽、喉黏膜有圆形黄色斑点，并扩大为大片纤维素沉着，形成假膜，后变厚成痂块。痂块不易剥落，强行撕脱则留下出血表面。

③混合型。具有皮肤型和黏膜型症状。

(4)诊断　本病症状典型，一般可依痘疹的症状做出诊断。

(5)治疗　发现痘疹时，可用鸡痘疫苗接种，以防止未发病的鸡发病。近年来，有试用鸡新城疫苗接种病鸡和健康鸡的，可控制疾病。

目前尚无特效治疗药物，主要采用对症疗法，以减轻病鸡的症状和防止并发症。皮肤上的痘痂，一般不做治疗，必要时可用清洁镊子小心剥离，伤口涂碘酒、紫药水。对白喉型鸡痘，应用镊子剥掉口腔黏膜的假膜，用1%高锰酸钾洗后，再用碘甘油涂擦。如果病鸡眼部发生肿胀，眼球尚未发生损坏，可将眼部蓄积的干酪样物排出，然后用2%硼酸溶液或1%高锰酸钾冲洗干净，再滴入5%蛋白银溶液。剥下的假膜、痘痂或干酪样物都应烧掉，严禁乱丢，以防散毒。发生鸡痘后也可视鸡日龄的大小，紧急接种新城疫Ⅰ系或Ⅳ系疫苗(病鸡不接种)，以干扰鸡痘病毒的复制，达到控制鸡痘的目的。

发生鸡痘后，由于痘斑的形成造成皮肤外伤，这时易继发引起葡萄球菌感染，而出现大批死亡。所以，大群鸡应使用广谱抗生素如环丙沙星等拌料或饮水，连用5～7天。有条件的话也可用鸡痘康复后的鸡血治疗，肌肉注射1～2毫升。

(6)预防　有鸡痘病史的鸡场，应预先按本场接种计划进行鸡痘预防接种。一般预防接种在4周龄之后进行，否则效果较差。若本地区或本场鸡痘流行严重，可提前接种，但反应强，接种方法按说明进行。一般1～15日龄稀释比为1:200，15～60日龄为1:100，2～4月龄为1:50，用刺种法接种，每鸡刺种一次，但10周后还要重复一次。鸡痘疫苗只有经皮肤刺种才有效，接种3～4天，刺种部位出现红肿、结痂，2～3星期后痂块即可脱落，如不结痂，必须重新接种。

鸡场发生鸡痘时，应严格分群隔离。重病鸡(特别黏膜型)可淘汰，尸体高温处理，轻病鸡可治疗。

4.鸡传染性支气管炎

鸡传染性支气管炎(IB)是由病毒引起的一种高度接触性传染病。其特征按其分型的不同而异，呼吸型和生殖型，其特征是咳嗽、喷嚏、喘息、产蛋量下降，产软壳蛋和畸形蛋；肾变型，肾脏明显肿大，呈花斑状；腺胃型，腺胃壁增厚，腺胃粘膜出血溃疡；肠道病变型，特征是肠道损伤造成肠道的出血、肠道黏膜脱落；其他变异型，特征是鸡的深层肌肉损伤或败血症等。

(1)病因 由鸡传染性支气管炎病毒引起。病毒在病鸡粪便中可存活 12～56 天。病鸡的粪便、口鼻分泌物、呼出的气体，污染空气、用具、饲料和饮水，通过呼吸道、消化道传染给易感鸡。本病一年四季均可发生，以冬季发病较多。病毒离开鸡体后就迅速死亡，加热、消毒剂及阳光直射均能杀死病毒。如 1%来苏尔、0.01%高锰酸钾、1%福尔马林等可在 3 分钟内杀死病毒。

(2)易感性 仅发生于各种日龄的鸡，其他家禽均不感染。其中以雏鸡最为严重，在拥挤、通风不良、维生素及矿物质缺乏时更易发生本病。本病是迄今为止所知的一种接触传染性最高的疾病。一旦传入鸡群即迅速传播，无论卫生条件如何，几乎所有鸡均被感染。

(3)症状 潜伏期 17～36 小时。本病发病迅速，鸡群可百分之百被感染，一般在 48 小时内可出现症状。症状常突然出现，病鸡表现为饮水减少，食欲减退，寒战，伸颈张口呼吸，呼吸困难带喘息(雏鸡明显)，夜间可听到呼吸声。病鸡鸣叫，眼和鼻孔有水样分泌物，精神不振，羽毛松乱，常挤在一起。成年鸡除呼吸困难外，还有气管啰音、喷嚏、咳嗽、产蛋量下降等症状。蛋壳粗糙、蛋白稀薄似水样、蛋黄和蛋白分离，且粘于蛋壳上。在无继发症时一般不死亡。但雏鸡死亡率有时可达 25%。呼吸型无神经症状和下痢现象；肾型有排白色稀便，粪便中几乎全是尿酸盐；腺胃型亦有排白色和黄绿色稀粪

症状。

(4)病变　病变按其分型的不同而不同。

①呼吸变型和生殖变型。主要病变在气管、支气管、鼻腔。雏鸡初期为结膜炎,后期气管、鼻、支气管有分泌物,肺和气囊有干酪样渗出物,在气管和支气管交接处有干酪样渗出物凝块堵塞,造成气流阻塞而使病鸡发生窒息,气囊混浊,有渗出物,肺充血、水肿。产蛋鸡腹腔内有液状卵黄物质,发育的卵泡充血、出血、萎缩、变形。输卵管的长度和重量明显减少,有时变得肥厚、粗糙,局部充血、坏死。

②肾病变型。肾脏严重肿大,苍白,肾小管由于变性、坏死以及尿酸盐蓄积而扩张,使肾脏呈花斑样外观。输尿管有尿酸盐沉积而变粗。慢性病例表现为尿石症,肾脏萎缩。严重病例,在腹膜、胸膜及心包膜也有白色尿酸盐沉积。

③腺胃病变型。肉眼可见腺胃极度肿胀,比正常腺胃大2～5倍,腺胃壁和黏膜增厚,切开后自行外翻,腺胃乳头肿大,有的出血、溃疡,压时有黄白色脓性分泌物。

④肠道病变型。该病毒除了侵害呼吸、生殖系统外,对肠道有一定的亲和力,使肠道损伤,造成肠道出血,肠道黏膜脱落,降低饲料的利用率。

⑤其他变异型。引起鸡的深层肌肉损伤或败血症,主要的病变为深部胸肌苍白、肿胀,也可见胸肌表面出血并有一层胶冻样水肿。

(5)诊断　依据症状和剖检病变资料可初步诊断。确诊要取病料,经鸡胚培养,分离病毒,做中和试验、琼脂扩散试验或荧光抗体检查。

(6)治疗　本病尚无特殊疗法,可用抗生素防止继发感染。

(7)预防　目前国内应用于传染性支气管炎的有H_{120}、H_{52}两种弱毒苗。H_{120}毒力弱,对雏鸡较安全。免疫方法是:于4～7日龄饮水、滴鼻、点眼免疫,肉仔鸡7日龄首次免疫,每鸡滴鼻1滴,免疫力可持续整个育肥期。蛋鸡、种鸡7日龄首次免疫,到4～6周龄时用

H_{52}作第2次免疫。种鸡在2～4月龄再接种一次。疫苗配制按瓶签说明进行。鸡传染性支气管炎(肾型－呼吸型－腺胃型)多价油乳剂灭活苗可在用其他疫苗于7日龄首次免疫的基础上,于15日龄每鸡颈部皮下注射0.3毫升,可有效控制鸡腺胃型传染性支气管炎的发生和流行。

5.鸡传染性喉气管炎

鸡传染性喉气管炎(ILT)是由病毒引起的鸡的一种急性和较高传染性呼吸道疾病。其特征是呼吸极为困难,气管渗出物带血。本病传播快,死亡率较高。

(1)病因 由传染性喉气管炎病毒引起。该病毒大量存在于病鸡的气管组织及渗出物中,而肝、脾和血中较少。病毒在冷冻状态中存活并有致病力。但易被其他因素杀死,如在55℃环境中只能存活10～15分钟,37℃存活24小时。用3%来苏尔、2%氢氧化钠1分钟可杀死病毒。但病毒可长期存于气管分泌物的凝块及病死的鸡尸体中,康复鸡至少有2%带毒,带毒时间可长达2年。

(2)易感性 各种日龄的鸡均可发病,但14周龄以上的鸡更易感染,故多在成鸡暴发。野鸡、幼火鸡也可感染。其他禽类有抵抗力。

病鸡气管分泌物凝块、病鸡、病死尸体及康复鸡均可为传染来源,主要经呼吸道及眼传染。易感鸡与接种过疫苗的鸡长期接触,可感染本病。其他被污染的垫草、用具等均可为传染媒介。饲养管理及卫生不良更易发生本病。

(3)症状 潜伏期2～12天。病初,呼吸困难,但仍能安静,继而发生咳嗽、喷嚏、摇头晃脑(想排出堵塞在气管中的渗出物凝块)。头颈伸长,张嘴呼吸,吸气时发出喘鸣声,故称为“叫鸡”。从气管排出血色渗出物和血凝块,病鸡多因堵塞气管而窒息死亡。病程5～7天或更长。本病在易感鸡群内传播快,感染率达90%～100%,致死率

可达70%（一般为20%）。

(4)病变　病变部位主要在气管和喉部组织。常见的病变为气管出血，气管中有血块或带血渗出物。气管及喉黏膜上有纤维素分泌物沉积，形成假膜。此假膜和鸡痘假膜不同，很容易剥落。故此可与鸡痘区别。

(5)诊断　根据症状和剖检病变资料，结合发病历史，可做出初步诊断。确诊应取分泌物经鸡胚培养，分离病毒或检查绒毛尿囊膜出现增生性病灶和核内包涵体，也可用中和试验及琼脂扩散试验诊断。

(6)治疗　无特殊疗法。对病鸡严格隔离，禁止与其他鸡接触。可考虑紧急接种疫苗，最好应用喷雾法或饮水法接种。

(7)预防　由于接种过的鸡带毒，故疫苗严格限于发病鸡场内使用，健康鸡场不用。目前有弱毒苗和强毒苗。前者是经细胞培养致弱的，或在毛囊中继代致弱的，或自然分离弱毒；后者是强毒，接种方法是张开泄殖腔，用消毒过的牙刷蘸取疫苗涂于暴露出的泄殖腔黏膜上，4～5天黏膜炎性水肿时，表示有效。接种鸡应严格与未接种鸡隔离，不可合群。弱毒苗可点眼接种，按瓶签注明使用，用灭菌生理盐水稀释，每只鸡点眼1滴，蛋鸡在35日龄第1次接种后，在产蛋前再接种1次。近年来使用传染性喉气管炎病毒制备的油乳剂灭活疫苗免疫效果较好。

6.鸡马立克氏病

鸡马立克氏病(MD)是由疱疹病毒引起的一种淋巴组织增生性传染病。其特征为病鸡外周神经、性腺、虹膜、各种脏器、肌肉和皮肤单核细胞浸润的一种淋巴瘤疾病。

(1)病因　由马立克氏病毒引起。病毒在鸡体组织内有两种存在形式：一种以病毒粒子外无套膜的裸体形式，存在于肿瘤病变中，与细胞结合，当细胞破裂死亡时，病毒也随之失去传染性；另一种以病毒粒子外有套膜的完全病毒形式，只存在于羽毛囊上皮细胞中，它可脱离细胞而存活，且对外界抵抗力很强。

从羽毛囊上皮排出的病毒在鸡舍尘土中可长期存在(4～6周)，在鸡粪与垫草中可存在16周之久，在低温保存下可长时间存活。

(2)易感性 可感染不同日龄的鸡，幼年鸡(2～6周)比成年鸡更易感染。本病可在鸡群中广泛传播，但发病率差异很大。这与鸡的品种、病毒的毒力、饲养管理方式有很大关系。本病传染来源是病鸡及带毒鸡，羽毛及皮屑是十分重要的传染来源。鸡被感染后可长期带毒和排毒。

(3)症状 潜伏期较长，可达30天。依据部位与症状，可分为4种类型。

①神经型。主要侵害外周神经。最常侵害坐骨神经，故可见鸡一侧较轻一侧较重，发生不全麻痹，步态不稳，蹲伏，一条腿伸向前方一条腿伸向后方，呈一种特征性姿势。若臂神经受害，则被侵害的一侧翅膀下垂。若支配颈部肌肉的神经受害，则头颈下垂或歪斜。若迷走神经受害，鸡有失声、嗉囊扩张、呼吸困难等症状。

②内脏型。主要表现为精神委顿、不食，突然死亡。无神经症状，本型主要侵害3～9周龄鸡，死亡率达60%以上，肿瘤出现率很高。此型又称急性型。

③眼型。一眼或两眼虹膜受损，逐渐失去对光调节能力，且逐步失明。虹膜正常色素消失，呈同心环状或斑点状以至弥漫的灰白色，故又称“白眼病”。瞳孔边缘不齐。

④皮肤型。有的病鸡皮表毛囊出现小结节或瘤状物。初见于颈部及两翅，以后扩及其他部分皮肤。

(4)病变 常侵害一侧坐骨神经、臂神经、腹腔神经等。受害神经变粗，约比正常粗2～3倍以上，呈黄白色或灰白色，横纹消失。卵巢、肾、脾、肝、心、肺、胰、肠系膜、腺胃、肠管及肌肉等呈现大小不等的灰白色坚硬致密的肿瘤块。法氏囊明显萎缩、坏死，这是与鸡白血

病区别的要点。

(5)诊断　据症状、病变，以及流行情况，可做初步诊断。若要进一步确诊，应取神经、脑、内脏肿瘤送专门实验室检查，做组织切片、琼脂扩散试验、荧光抗体检查等。

此病与鸡白血病相似，应注意区别(见表 7-1)。

表 7-1　鸡马立克氏病与鸡白血病的区别

病　名		鸡马立克氏病	鸡白血病
病　原		疱疹病毒	类黏液病毒
发病年龄		常大于 4 周龄	常大于 16 周龄
临床症状	麻痹或不全麻痹	经常出现	无
	虹膜混浊	经常出现	极少
病理变化	周围神经和神经结增大	经常出现	无
	皮肤及肌肉肿瘤	可能出现	无
浸润细胞的类型		成熟和未成熟淋巴细胞	主要为淋巴母细胞
法氏囊		萎缩	肿瘤

注:鸡白血病为淋巴性白血病

(6)治疗　本病尚无有效疗法。

(7)预防　主要进行疫苗接种，以火鸡分离出疱疹病毒苗应用广泛，效果较好，疫苗可预防肿瘤的发生，但不能防止感染。1 日龄雏鸡每鸡肌肉注射 1000 个病毒蚀斑单位，但注射后的 2 周内要严格隔离和消毒，防止强毒侵入，以免影响免疫效果。近年来，发现接种过火鸡疱疹病毒疫苗的鸡仍有发生马立克氏病的，建议使用二价和多价疫苗，这类疫苗的保护作用高于火鸡疱疹病毒疫苗，而且可以保护鸡群免受马立克氏病超强毒株的感染，防治效果很好，但这类疫苗属于细胞结合性苗，保存和运输时疫苗必须在液氮罐中放置，给现场应用带来了较大的困难。

7.鸡白血病

鸡白血病(AL)是由病毒引起的多种肿瘤性疾病,主要为淋巴性白血病,次为红细胞性白血病、成髓细胞白血病、骨髓细胞瘤、内皮瘤等。多数肿瘤与造血系统有关,少数侵害其他组织。

(1)病因 为白血病病毒属,禽白血病病毒群。病毒对外界环境的抵抗力较低,50℃环境中只能存活8分钟。低温条件下则抵抗力较强,−60℃条件下能保持数年不丧失感染性。对紫外线的抵抗力较强。

(2)易感性 自然条件下,只有鸡被感染。传染来源主要为病鸡和带毒鸡。特别是后者在传播本病中有重要作用。有毒血症的母鸡,其蛋常带毒,故孵出的雏鸡带毒,并可传播。本病感染比较广泛,但出现症状的较少,常呈散发性。

(3)症状 最常见的为淋巴性白血病。自然发病的鸡,多发于14周龄以上,到性成熟期发病率最高。病鸡的病情达到一定程度时,食欲不振,全身衰弱,鸡冠及肉髯苍白,皱缩,偶呈青紫色,进行性消瘦,以至不能站立,产蛋停止,有时下痢,有的病鸡腹部膨大,可摸到肿大的肝,病鸡到最后因衰竭而死。

(4)病变 肝、脾、肾有肿瘤,心、胰、骨髓、胃肠、腔上囊有肿瘤形成。而在肺、甲状腺、肌肉、皮肤较少见有肿瘤。

(5)诊断 依据病史和病变情况做初步诊断,确诊应做实验室检查。

(6)治疗 无特殊疗法。

(7)预防 目前尚无疫苗,可采取以下预防措施:

①从无此病史的地区引种。

②严格隔离饲养。

③定期检测白血病抗体或分离病毒。

④ 培养无白血病品种。

⑤ 高温处理死鸡。

8. 鸡脑脊髓炎

鸡脑脊髓炎(AE)是由病毒引起的鸡传染病,其特征为共济失调和震颤(尤以雏鸡的头和颈最为明显),母鸡的产蛋量急速下降。

(1)病因　由鸡脑脊髓炎病毒引起。病毒对酸有抵抗力,pH 2.8处理3小时仍有感染力;耐热,－56℃加热1小时可存活;室温下可保存1个月;粪便中至少可存活4周。福尔马林可迅速使该病毒灭活。

(2)易感性　易感于1～6周龄(通常为12～21日龄)的幼鸡,潜伏期为10～17天,传染途径主要为感染的母鸡通过种蛋传给雏鸡,病鸡与健康鸡可直接接触传染,被污染的饮水、饲料可成为传染源,在粪内可存活4周。

(3)症状　雏鸡和成年鸡的症状不同。

①雏鸡。发病初期,精神沉郁,反应迟钝;随后部分病鸡陆续出现共济失调,不愿走动或走动步态不稳,直至不能站立;双跗关节着地,双翅张开垂地,勉强拍动翅膀辅助前行,甚至完全瘫痪;部分患雏,头颈部震颤,尤其给予刺激时,震颤加剧。患病鸡在发病过程仍有食欲,但常因完全瘫痪而不能采食和饮水,以致衰竭死亡,病程为5～7天。

②成年鸡。无神经症状,主要表现为产蛋下降。产蛋率下降一般达到5%～20%。种蛋的质量方面主要是孵化率下降,胚胎多数在19日龄前后死亡,母鸡还可能产小蛋,但蛋形、颜色、内容物无明显变化。

(4)病变　幼鸡无明显病变。成年鸡有组织内的病变,但肉眼不能发现。

(5)诊断　依据震颤这个典型症状,以及剖解无明显病变等,可作出初诊。确诊应做荧光抗体、琼脂扩散试验、病毒的分离等。

(6)治疗 本病尚无有效疗法。

(7)预防 预防本病唯一有效的方法是种蛋必须选自无病鸡群或免疫的鸡群。本病病愈康复鸡和免疫接种鸡，都可获得终身免疫。最好的免疫方法是对10～16周龄的鸡和青年鸡用饮水法服疫苗。

9.鸡传染性腔上囊病

鸡传染性腔上囊病(IBD)(又称传染性法氏囊病)是由病毒引起的一种急性传染病。其特征为病鸡出现轻度呼吸道症状，白色水样下痢，严重委顿和死亡。

(1)病因 由鸡传染性腔上囊病毒引起。病毒对腔上囊有亲嗜性，能破坏腔上囊的淋巴细胞。病毒抵抗力强，对紫外线有抵抗力，56℃5小时、60℃30分钟均不能使其失活，耐酸但不耐碱。1%石炭酸、甲醇、福尔马林可杀死该病毒。

(2)易感性 仅鸡易感，尤以雏鸡最易感。3～6周龄的鸡对本病易感，3周龄以下的雏鸡受感染后不表现临床症状，但引起严重的免疫抑制，火鸡和鸭也能自然感染。

(3)症状 潜伏期18～36小时。病雏采食、饮水减少，羽毛松乱，黏液性下痢(白色似水)，肛门周围羽毛被玷污，弓背蹲伏，用喙撑地而睡。若无并发症，发病率可达100%，死亡率达1%～40%。不死亡的雏鸡因腔上囊受害，日后生长不良，免疫功能破坏且易感染其他疾病。

(4)病变 剖解可见病鸡脱水，肛门周围羽毛被白色粪便污染，股、腿和胸部肌肉常出血。腔上囊的病变具有特征性，其浆膜水肿，呈胶冻样黄色沉着，甚至波及泄殖腔；其黏膜水肿，呈淡黄色并有散在出血点。囊初期水肿，体积增大，以后体积逐渐缩小，明显萎缩，触之坚韧，切开后皱褶混浊不清，有黏性和黄色分泌物栓塞，有坏死或出血点；肾有肿胀，并有白色尿酸盐潴留；脾轻度肿胀；腺胃与肌胃交界处有粉红色出血带；胸肌或腿肌有出血点或出血斑块。症状因发

病季节、新老疫区、鸡的品种、是否做过法氏囊疫苗免疫及病毒的毒力等而异，做过疫苗而又发病的一般无典型症状，而新疫区则症状典型，病程4～7天。

(5)诊断 根据症状及剖检情况可诊断，实验室可用琼脂扩散试验判断。

(6)治疗 用抗传染性囊病血清和卵黄抗体治疗有特效，用药时间越早损失越小。有些中草药制剂有辅助治疗作用。

(7)预防 雏鸡接种腔上囊病弱毒疫苗，是预防本病的重要措施。首免宜在14～18日龄进行，二免在26～30日龄进行。免疫方法以饮水为比较方便，加水量以鸡群在1～1.5小时饮完为宜；种母鸡在留取种蛋前2周，颈部皮下注射接种腔上囊病油剂疫苗0.5～1毫升，可提高小鸡的母源抗体水平，降低小鸡的发病率。

10.产蛋下降综合征

产蛋下降综合征(EDS_{76})是一种使产蛋鸡产蛋率下降的一种病毒性传染病。患鸡主要表现为群发性产蛋率下降、蛋壳异常（软壳蛋、薄壳蛋、破损蛋）、蛋体畸形、蛋质低劣等症状。

(1)病因 由产蛋下降综合征病毒引起。病毒对外界环境的抵抗力比较强，对pH适应范围广（pH 3～10)，甲醛、强碱对其有较好的消毒效果。病毒对热有一定的耐受性，56℃下可存活3小时。

(2)易感性 产蛋下降综合征的主要易感动物是鸡，自然宿主为鸭、鹅等。任何年龄的肉鸡、蛋鸡均可感染，但产蛋高峰的鸡最易受感染。不同品系的鸡对产蛋下降综合征病毒的易感性是有差异的，26～35周龄的所有品系的鸡都可感染，尤其是产褐壳蛋的肉用鸡和蛋种母鸡最易感，产白壳蛋的母鸡患病率较低。幼鸡感染后不表现任何临床症状。

产蛋下降综合征的流行特点是，病毒的毒力在性成熟前的鸡体内不表现出来，产蛋初期是强的应激反应，致使病毒活化而使产蛋鸡发病。6～8月龄母鸡处于发病高峰，较少发生在35周龄以上的鸡群。被感染鸡可通过种蛋和种公鸡的精液传播，也可通过污染饲料、饮水、用具、器物和人员传播，经消化道感染是常见的机械传播方式，实难避免。

(3)症状 感染产蛋下降综合征病毒的鸡群没有什么明显的临床症状，常常是26～36周龄产蛋鸡突然出现群体性产蛋下降，产蛋率下降20%～30%，甚至50%。同时，产出薄壳蛋、软壳蛋、无壳蛋、小蛋，蛋体畸形，蛋壳表面粗糙，如白灰、灰黄粉样(沙皮蛋)，褐色蛋的蛋壳色素消失，颜色变浅(花蛋或白蛋)，蛋白稀薄，严重者如水样，蛋黄颜色变淡，或蛋白中混有血液、异物等。

(4)病变 产蛋下降综合征没有明显的肉眼可见的变化特征，有些病鸡的卵巢萎缩、变小，卵泡变性或有出血，子宫及输卵管黏膜有炎症，水肿或局灶性出血，卡他性肠炎等。

(5)诊断 根据流行病学特点、临诊症状、病理变化、血清学及病原分离和鉴定等方面进行分析、判定。

(6)治疗 本病尚无有效的治疗药物，也不需要治疗。国内已有多种治疗的探索，但都没有证实有明确的疗效。在发病时，加强和改善管理是必要的，也可喂给抗菌药物，以防继发感染。

(7)预防 无产蛋下降综合征病毒的清洁鸡场(群)，一定要防止从疫场(群)将本病带入。不要到疫区引种(雏鸡或种蛋)，因已证实，本病可通过蛋垂直传播。如果要引种，必须从无本病的鸡场引入，引入后需要隔离观察一定时间，虽然这一点执行起来很难，但是十分关键。

已被产蛋下降综合征病毒污染的鸡场(群)，要严格执行兽医卫生措施。场内鸡群应隔离，及时进行淘汰，做好鸡舍及周围环境清扫、消毒和粪便处理。防止饲养管理用具混用，防止人员互相串走。产蛋下降期的种蛋和异常蛋，坚决不要作为种蛋用。

预防接种是本病主要的防制措施。鸡场发生本病时，无论是病

鸡群还是同一鸡场其他鸡群生产的雏鸡，都不能否定垂直感染的可能，即使这些雏鸡在开产前抗体阴性，也不能作为没有垂直感染的证明，因为开产前病毒才活化，使鸡发病，此时才有抗体产生。所以这些鸡也必须用疫苗预防。

采用单价或双价油乳剂灭活苗预防，接种 18 周龄后的母鸡，经肌肉或皮下接种 0.5 毫升，15 天后产生免疫力，抗体可维持 12～16 周。产蛋下降综合征和鸡新城疫二联灭活苗，在上笼前(120～140 日龄)接种半个月后可产生免疫力，一次注射即可保护产蛋期至淘汰。还有新城疫－蛋下降综合征－传染性支气管炎三联灭活油剂疫苗可供应用。由于灭活苗的广泛应用，此病在我国较大范围内已得到了控制。

11. 鸡传染性贫血病

鸡传染性贫血病(CIA)(又称鸡传染性贫血因子感染症)是由病毒引起的雏鸡的一种传染病，其特征为贫血，骨髓呈脂肪样黄色，胸腺等免疫器官萎缩，是继传染性法氏囊病之后又一种重要的免疫抑制病。

(1)病因　由鸡传染性贫血病毒(CIAV)引起。病毒对酸(pH 3)作用 3 小时仍然稳定；56℃或 70℃加热 1 小时、80℃加热 15 分钟仍有感染力，80℃加热 30 分钟部分失活，100℃加热 15 分钟完全失活；粪便中的病毒可存活 7 天左右。

(2)易感性　鸡是传染性贫血病毒的唯一宿主。各日龄的鸡都可感染，自然感染常见于 2～4 周龄，敏感性高，随着日龄增加，易感性、发病率和死亡率迅速下降。肉鸡比蛋鸡易感，公鸡比母鸡易感。当与法氏囊病毒混合感染或有继发感染时，日龄稍大(如 6 周龄)的鸡也可以发病。病毒主要是经过蛋垂直传播，也可通过病鸡分泌物、排泄物经消化道、呼吸道感染。经蛋传播发生在感染后 3～6 周，母鸡不出现临诊症状。母鸡感染后 3～14 天内种蛋带毒，带毒的鸡胚出壳后10～15天发病并死亡。

(3)症状 本病的特征症状是贫血。贫血的严重程度与毒株、感染量和机体状态等有关。一般在感染后10天左右发病，病鸡表现为精神沉郁，行动迟缓，羽毛松乱，喙、肉髯、面部和可视黏膜苍白，体重减轻，生长不良；病鸡的头、颈、翅膀、胸、腹、腿、爪等部位的皮肤可出现出血或坏死，临死前还可见拉稀。病鸡血液稀薄如水，红细胞、白细胞数明显降低。成年鸡感染后，一般不出现临诊症状，产蛋量、受精率、孵化率均不受影响，可通过种蛋传播病毒，危害甚大。一般在发病后2～3天即可出现死亡，5～6天时死亡达到高峰，随后逐渐下降，20～28天后存活的鸡，可逐渐恢复正常，并获得免疫力。由于感染的毒株不同，发病和死亡也不相同。在自然感染情况下，发病率一般为20%～60%，病死率为5%～10%，但有时也可高达60%。

(4)病变 贫血，消瘦，肌肉与内脏器官苍白；肝、脾和肾脏肿大，褪色，或呈淡黄色；血液稀薄，凝血时间延长。骨髓萎缩为最主要的病变，大腿骨的骨髓呈脂肪样，为黄白色或淡黄色或淡红色。胸腺萎缩呈深红褐色，可能导致其完全退化。有时可见皮下与肌肉出血，腺胃黏膜出血，肌胃黏膜糜烂或溃疡，法氏囊萎缩等。若有继发细菌感染，可见坏疽性皮炎等。肝脏肿大呈斑驳状，心肌、真皮及皮下可能有出血点等。

(5)诊断 根据流行特点、症状和病理变化可做出初步诊断，确诊必须进行病毒分离、鉴定和血清学检查。

(6)治疗 目前尚无特异的治疗方法，必要时可用抗生素防止细菌继发感染。

(7)预防 鉴于本病已成为世界范围的鸡病，国内也已分离到病原，污染面也较大，加强检疫，防止从疫区引种时引入带毒鸡，及时淘汰阳性(感染)鸡是控制本病的最佳策略。

国外生产的有毒力的CIAV活疫苗，对13～15周龄种鸡用该传染性贫血活毒疫苗饮水免疫，可有效防止子代发病。本疫苗不能在

产蛋前 3～4 周免疫接种，以防止通过种蛋传播疫苗病毒。如果对后备种鸡群进行血清学检查时，本病呈阳性反应，则不宜再免疫接种。我国尚无该种疫苗生产。制备本场毒株的灭活苗对产蛋前 1～4 周的种鸡进行免疫接种，能有效地预防种鸡带毒和子代鸡发病。

12.鸡包涵体肝炎

鸡包涵体肝炎(IBH)是病毒引起的鸡的一种急性传染病，其特征为严重贫血，皮下、胸肌、大腿肌等处出血，黄疸，肝脏肿大、出血和坏死灶。

(1)病因　由鸡腺病毒引起。病毒粒子无囊膜，核酸为双股DNA。病毒在核内复制，产生嗜碱性包涵体。病毒的血清型较多，已认定的有 12 个血清型，各血清型的病毒粒子均能侵害肝脏，该病毒对热稳定，可耐受 pH 3～9，对紫外线及一般消毒药品均有一定的抵抗力。对热有抵抗力，56℃下 2 小时、60℃下 40 分钟不能致死该病毒，有的毒株 70℃下仍可存活 30 分钟。1∶1000 的甲醛可灭活该病毒。

(2)易感性　鸡腺病毒通过鸡胚垂直传播，也可水平传染，腺病毒常与其他因子协同致病，如传染性囊病病毒可强化其致病性，传染性贫血因子可提高致死能力。多发生在 3～7 周龄的肉鸡，蛋鸡也偶有发生。

(3)症状　经自然感染的鸡潜伏期为 1～2 天，初期不见任何症状，2～3 天后少数病鸡精神沉郁、嗜睡、肉髯褪色、皮肤呈黄色、皮下有出血，偶尔有水样稀粪，3～5天达死亡高峰，死亡率达 10%，持续3～5天后，逐渐停止。蛋鸡可出现产蛋下降。

(4)病变　肝肿大、质脆，表面见大小不等的出血斑，或肝退色，表面有黄白色小坏死灶。胸、腿肌肉及内脏脂肪广泛出血。骨髓色淡，甚至呈黄色，肌膜发黄。病理组织切片见核内包涵体。

(5)诊断　对可疑病例做肝触片或切片，镜检见包涵体即可诊断。确诊靠分离病毒、接免疫荧光抗体试验和酶联免疫吸附试验。

(6)治疗 本病尚无有效疗法。

(7)预防 目前尚无有效疫苗,应尽量减少应激因素,控制并发病,引种谨防引进病鸡或带毒鸡,对病鸡应淘汰。

13.鸡病毒性关节炎

鸡病毒性关节炎(VA)(又名病毒性腱鞘炎),其特征为关节滑膜、腱鞘和心肌受到侵害,使胫和跗关节上方腱索肿大,趾屈腱鞘和跖伸腱鞘肿胀。

(1)病因 由鸡呼肠孤病毒引起。病毒56℃能耐受24小时,60℃耐受8～10小时,37℃能耐受13～16周,在pH 3～9的范围内保持稳定。在低温条件下存活时间长,4℃至少存活3个月,－20℃存活达4年以上。

(2)易感性 鸡呼肠孤病毒广泛存在于自然界,鸡和火鸡是本病的唯一的自然宿主。鸡群之间直接或间接接触均可发生水平传播,经呼吸道和消化道感染,感染后的种鸡也可经蛋垂直传播,排毒途径主要通过消化道。由于病毒在鸡体内可持续生存时间长,因而带毒鸡是重要的传染源。经种蛋的传播率不高。

各种日龄、类型和品系的鸡都易感,但多发生于肉鸡、肉用型或肉蛋兼用型等体型较大的鸡,轻型鸡发病较少。发病率与鸡的日龄有关,4～6周龄发生较多,鸡龄越大,敏感性越低,10周龄后明显降低。腱鞘炎在肉用鸡中最为流行,其他轻型蛋鸡和火鸡也有发生。

(3)症状 本病潜伏期的长短因毒株的毒力、感染途径、鸡的敏感性等的不同而不同。接触感染为13天至7周。大多呈隐性感染或慢性经过,有临床症状的一般占鸡群总数的1%～5%,也有达10%或以上。屠宰中因发育受阻或关节损害而废弃的病鸡,可能高达25%～30%。主要表现以下两种病型:

①关节和腱鞘炎型。多发多见的病型,病鸡主要表现跛行和足

趾以外的足部及足胫腱鞘肿胀。病鸡食欲和活力减退，不愿走动，喜坐在关节上，驱赶时勉强走动，但走不稳，或跛行，或单脚跳动。病鸡跛行始于足趾，随之向上蔓延到膝部，故用膝着地伏坐而不愿行动。在日龄较大的肉用鸡中可见腓肠肌腱断裂，导致顽固性跛行。病鸡得不到足够的饲料和水分，日渐消瘦，病鸡发育不良，最后衰竭死亡。

②败血型。多见于急性病例，表现为精神不振，全身发绀和脱水，鸡冠齿端软，呈紫色。如病情继续发展，则整个鸡冠变成深暗色，直至死亡。种鸡或蛋鸡受到感染后，产蛋量可下降10%～15%，种鸡受精率下降，可能与病鸡运动功能障碍影响正常交配有关。

(4)病变　关节和腱鞘炎型的病变，主要是跗关节肿胀，切开皮肤可见胫部有炎症和腱鞘水肿，关节腔内含有棕黄色的关节分泌物。少数渗出物为脓性，可能与细菌感染有关。青年鸡和成年鸡，易发生腓肠肌腱断裂。慢性病例关节液较少，关节硬固，腱鞘硬化和粘连，关节软骨糜烂等。败血型的病变，主要是发绀，出血，腹膜炎，肝、脾、肾肿大，卡他性肠炎，盲肠扁桃体出血，卵黄皱缩并破裂出血。有时还见心外膜炎，肝、脾、心肌上有小的坏死灶。

(5)诊断　根据发病特点、症状及剖检变化可怀疑为本病，如病鸡跛行和跗关节、腱鞘肿胀等。病毒分离和血清学试验才能最终确诊。

(6)治疗　本病尚无有效疗法。

(7)预防　病鸡能不断向外排毒，是重要的传染源，可将病鸡挑出淘汰。国外已有多种灭活苗或弱毒苗可供选用，鸡呼肠孤病毒存在多个血清型，尚无可供广泛使用的疫苗毒株，疫苗只对同源的血清型有效，免疫接种的时间也不尽相同。弱毒疫苗与灭活苗二者结合免疫，一般于7～8日龄、8周龄各接种一次弱毒疫苗，母鸡在开产前接种一次灭活疫苗，以通过母源抗体给雏鸡以保护，雏鸡在3周内可免受感染，这是一种比较好的预防办法。

14.鸡网状内皮增生症

鸡网状内皮增生症(RE)是由病毒引起的一种肿瘤性传染病,其特征为病鸡表现为贫血,肝脏、肠道、心脏和其他内脏器官有网状细胞的弥散性和结节性增生(淋巴瘤),胸腺和法氏囊萎缩,腺胃炎。本病能侵害机体的免疫系统,可导致机体免疫机能下降而继发其他疾病。

(1)病因 由网状内皮组织增生症病毒(REV)引起。目前已分离到多株 REV,虽然不同株的致病力不同,但都具有相似的抗原性,属于同一血清型。REV 对各种消毒剂都敏感,对环境的抵抗力不强,不耐热,在 37℃下 20 分钟感染率降低 50%,1 小时降低 99%,在 4℃时病毒比较稳定。

(2)易感性 本病可发生于鸡、火鸡、鸭和其他鸟类中,火鸡对本病易感性最高。患病家禽是本病的主要传染源。通过种蛋可垂直传播,但感染率较低。水平传播能力较弱。污染该病毒的疫苗是造成本病传播的主要原因,引起高的发病率和死亡率。日龄小的鸡,特别是新孵出的雏鸡最易感,感染后引起严重的免疫抑制或免疫耐受。而大龄鸡免疫机能完善,感染后不出现或仅出现一过性病毒血症。发病日龄大多在 80 日龄左右,发病率和死亡率不高,高致病性的禽痘野毒多含有完整的网状内皮增生症病毒基因,雏鸡发生鸡痘后,易引起 REV 流行发病。

(3)症状 急性病例很少表现明显的症状,死前只见嗜睡;病程较长的病鸡主要表现为衰弱、生长迟缓或停滞、鸡体消瘦。病鸡精神沉郁,羽毛稀少,鸡冠苍白。个别鸡表现运动失调、机体麻痹等。

(4)病变 病鸡消瘦,肝脾肿大,表面有大小不等的纽扣状灰白色肿瘤结节或弥漫性病变;胸腺、法氏囊萎缩,法氏囊呈袋状,囊壁薄,皱褶消失;腺胃肿胀、纤维化,乳头出血、消失,呈火山口状;肠道有结节状肿瘤,呈串珠状;肌肉有肿瘤结节,似肉芽肿。

(5)诊断　根据发病特点、症状及剖检变化可怀疑为本病，病毒分离和血清学试验才能最终确诊。

(6)治疗　本病目前尚无有效的治疗方法。

(7)预防　目前尚无有效的疫苗。应重视鸡群的日常饲养管理和卫生消毒措施，特别值得注意的是：本病主要是因接种了被REV污染的马立克氏病液氮苗等生物制品而感染发病，建议加强疫苗质量的监控，杜绝RE病原的传入。

15.鸡轮状病毒病

鸡轮状病毒病是由病毒引起的传染病，其主要特征是水样腹泻、脱水。

(1)病因　由鸡轮状病毒引起。该病毒对环境的抵抗力较强。在pH 3下处理2小时仍保持稳定；在56℃下加热处理30分钟仍不能使病毒完全灭活。

(2)易感性　轮状病毒病能感染鸡和其他禽类，6周龄左右的鸡最易感染该病毒。病毒经过病鸡粪便直接或间接地进行水平传播，病毒在卵内或卵壳表面存在，并可能发生垂直传播。

(3)症状　潜伏期短，感染后2～5天病鸡出现水样腹泻，脱水，废食。发病率高，死亡率为4%～20%，耐过者生长缓慢。

(4)病变　剖检可见小肠及盲肠内有大量的液体和气体内容物，呈赭石色，肛门有炎症。

(5)诊断　本病的诊断主要是通过实验电镜直接观察鉴定粪便或肠内容物中的病毒。

(6)治疗　目前尚无有效的药物治疗，可采用一些对症的治疗方法，如给予口服补液盐饮水、抗病毒中草药等。

(7)预防　目前尚无轮状病毒疫苗用于预防。

16. 禽霍乱

禽霍乱是由细菌引起的一种急性传染病，其特征为广泛的出血病变及败血症，故又称禽出血性败血症，简称"出败"。本病发病率和死亡率均高。

(1)病因 由禽多杀性巴氏杆菌或禽巴氏杆菌引起。细菌为球杆状，革兰氏染色阴性，不形成芽孢，不运动，有荚膜。本菌为兼性厌氧菌。在泥土、垫草或腐败物中可存活数月，在粪中可存活1月之久，在尸体内可存活2～4月。但易被5%石灰乳、1%漂白粉杀死，阳光直射和干燥下迅速死亡。

(2)易感性 主要侵害6周龄以上的鸡，发病率甚高，常引起病鸡大批死亡。本病常在运输中暴发。传染来源主要为病禽或带菌者(康复禽)，被病菌污染的饲料、饮水、食具、车辆、禽舍等均可引起传染。家禽营养不良、拥挤、运输等常为诱因。鸭、鹅也易感染。

(3)症状 潜伏期为3～9天，症状分3种类型：

①最急性型。无症状，常突然死于产蛋箱或鸡舍内。

②急性型。此型最为常见，精神沉郁，减食，饮水增加，缩颈闭眼，头缩于翅下，不愿走动，排黄绿色或灰白色稀粪，体温达43～44℃，呼吸困难，冠及肉髯青紫、肿胀、热痛，最后衰竭而死，病程1～3天。

③慢性型。多见于流行后期，为慢性呼吸道及胃肠道炎。鼻孔有分泌物流出，喉头积液，腹泻，消瘦。部分鸡有关节炎，如关节肿大、疼痛、脚麻痹，跛行，病程达1月以上。

(4)病变 以急性型的病变为典型，肝有针尖大小的坏死点，稍肿变脆，呈棕色或黄棕色，坏死点为灰白色。心冠、脂肪、腹膜和黏膜有明显出血点，肺脏充血和出血，十二指肠和肌胃出血明显，整个肠道呈卡他性和出血性肠炎，肠内容物含血液。

慢性型的病鸡鼻腔、鼻窦有大量分泌物，肺变硬，关节有炎症，关

节肿大变形,有干酪样坏死。

(5)诊断 可依下列各点做出初步诊断:

①高产母鸡突然死亡,有的鸡体温上升,饮水增加,减食,口鼻有分泌物,冠髯肿紫,排黄绿色或灰白色稀粪等。

②解剖可见肝棕色且脆而肿,有明显的针尖状坏死点,心冠、脂肪、腹膜有出血点,十二指肠、肌胃出血。

③确诊要取材料(心血、肝等)做细菌学检查,如发现两极着色的球杆菌方可确定。本病应注意与鸡新城疫病相区别。

(6)治疗 鸡群发病应立即采取治疗措施,有条件的地方应通过药敏试验选择有效药物全群给药。磺胺类药物、红霉素、庆大霉素、环丙沙星、恩诺沙星、喹乙醇均有较好的疗效。在治疗过程中,剂量要足,疗程合理,当鸡只死亡明显减少后,再继续投药2~3天以巩固疗效防止复发。

当本病流行时,也可作药物预防。但本细菌易产生抗药性,一种药物用3~5天后,应改用其他药物。在临屠宰前5~10天应停药(指肉用鸡)。

(7)预防 目前常使用鸡霍乱氢氧化铝菌苗(或鸡霍乱蜂胶灭活苗)进行预防。3个月以上的鸡,肌肉注射2毫升,2周后重复一次,免疫期在6个月以上。或用禽霍乱弱毒苗,皮下注射0.1 ~ 0.2毫升,安全有效。

17.鸡白痢

鸡白痢是由细菌所引起的一种传染病。其特征为白色下痢和各器官针状坏死点。主要侵害雏鸡,并引起大批死亡,成年鸡多呈隐性感染。

(1)病因 由鸡白痢沙门氏杆菌、中等大小的革兰氏阴性不运动杆菌引起。对寒冷、日光、干燥、消毒剂都有抵抗力。在鸡舍内可生存1年。

(2)易感性 主要侵害鸡,其他禽类亦可感染。其中以 14 日龄以下雏鸡最易感。成年病鸡无明显症状,为隐性带菌者。病鸡和隐性带菌者是本病的主要传染来源。这些带菌母鸡的卵巢、卵子、输卵管及蛋等都存在细菌。因此,鸡白痢的传染环节是:带菌母鸡→蛋→雏鸡→母鸡。

(3)症状 本病在成年鸡和雏鸡中的表现不同,两者差异甚大。雏鸡在蛋内感染时,孵化中出现死胚或弱胚,出壳后不久因败血症而死亡。出壳后感染的雏鸡,多在 5～7 天后发病(潜伏期 4～5 天),7～10天后病雏渐多,到第 2～3 周达高峰。病雏精神委顿,绒毛松乱,头颈短缩,闭眼,不愿走动,挤成一团,下痢,排稀薄白色糊状粪便,肛门周围绒毛被粪便玷污(干燥后可硬结)。肛炎雏鸡发尖锐叫声,最后因衰竭死亡。病程可达 4～7 天,死亡率达 40%～70%。耐过的雏鸡生长不良,成为慢性病鸡或带菌者。成年鸡感染后不表现症状,成为带菌者,但产蛋量和受精率低,这是成年鸡呈现局部感染(卵巢、输卵管等)的带菌者。

(4)病变 急性的病变不明显,慢性的才有病变。病雏鸡心、肝、肺及其他器官出现针尖状坏死灶,卵黄囊吸收不良,盲肠扩张,内含干酪样凝固物,白色下痢,肛门黏糊,胆囊、脾肿大,肾充血或贫血。

成年病鸡卵巢液化、变形并呈青绿色,心包炎,睾丸萎缩或肝坏死。

(5)诊断 根据症状及病变可初诊,确诊应做细菌学及血清学检查。

(6)治疗 治疗鸡白痢的药物较多,选用时应注意细菌的耐药性问题,最好先做药敏试验,选择有效药物。应用磺胺、抗生素治疗,可抢救部分雏鸡,但不能消灭本病。如复方敌菌净、新诺明等,以 0.5%比例拌粉料,连用 5 天,可减少死亡;或用土霉素 2 克加入 1 千克饲料中,连用 7 天;用环丙沙星、蒽诺沙星饮水,每升水加 50～100 毫克,连用 3～5 天;0.1%～0.2%庆大霉素饮水,连用 3～5 天,可有效

预防本病的发生。但由于饮水不易吸收，对全身感染还需注射给药(8万单位的庆大霉素注射液用生理盐水稀释可注射20～30只雏鸡)。用蒜或大葱、洋葱各半切成碎末状，充作饲料让鸡自食，连用3～4天，有一定疗效。

(7)预防 要消灭和预防鸡白痢，应认真做到以下几点：

① 所有种鸡必须进行血清学检查，凡阳性的均不得留种用。

② 种蛋必须从健康鸡场(经鸡白痢血清学检查阴性的)引入。

③ 种蛋孵化前应用消毒剂或福尔马林熏蒸消毒，否则不能入孵。

④ 孵箱和蛋盘也应消毒好方能用。

⑤ 出壳后的雏鸡可饮用0.01%高锰酸钾液1～2天；或用氟哌酸、环丙沙星、庆大霉素饮水。0.1%～0.2%庆大霉素饮水，连用3～5天；氟哌酸每千克饲料添加0.05～0.1克，连用3～5天。

18.鸡伤寒

鸡伤寒是由细菌引起的鸡的一种传染性败血症。

(1)病因 由鸡伤寒沙门氏杆菌引起。此菌有运动力，在泥土中有强抵抗力，可存活相当长的时间。

(2)易感性 主要感染鸡，特别是12周龄以上的鸡最易感染。雏鸡和其他禽类也可感染。本病的传染主要是通过种蛋或带菌母鸡以及被污染的饲料、饮水而发生。

(3)症状 潜伏期为4～5天。雏鸡的症状和病变与鸡白痢相似。青年鸡和成年鸡有急性与慢性经过：急性表现为突然停食，精神委顿，下痢，粪呈黄绿色，毛松乱，冠及肉髯苍白，可迅速死亡或在4天内死亡，也有5～10天死亡的；慢性经过慢，症状稍轻，死亡不多。

(4)病变 肝肿大，呈桃花蕊颜色(带金属光泽，泛青铜色)，脾肿大，胆囊扩大，肝及其他器官有针头状坏死点，卵巢退化和变色，腹膜炎，脂肪与肌肉有针头状出血点，肠炎，十二指肠呈黏液脓性炎症，病后期严重贫血。

(5)诊断 根据发病历史及症状，只能初步诊断，确诊必须做沙门氏菌检查，有的还要做血清学检查，经定型方可确诊。

(6)治疗 应用药物治疗可控制死亡，减少损失，但不能消灭本病。用氯霉素200毫克内服(每鸡每天服用量)，或用氟苯尼考饮水，每1克加水20千克或按每千克体重10～20毫克饮用，连用3～5天。

(7)预防 孵化室应认真消毒；种蛋在孵化前应清洗后消毒；勿将不同鸡群的种蛋或雏鸡混在一起；勿将不同日龄的鸡混养在一起；勿将不同品种的鸡混养在一起。

19.鸡大肠杆菌病

鸡大肠杆菌病是鸡的一种多类型疾病，根据症状和病变可分多种病型：有胚胎和幼雏死亡、呼吸道感染(气囊病)、急性败血症、肉芽肿等。

(1)病因 由大肠埃希氏杆菌引起。本菌为革兰氏阴性不产芽孢的杆菌，抗原结构和种类复杂。

(2)易感性 本菌常侵害各种幼禽，是肠道常在菌，正常时不致病，当饲养、管理和卫生紊乱，引起机体抵抗力降低时，本菌可乘机侵入内部器官，引起疾病。所以本病的发生与饲养管理及卫生条件有密切关系。

(3)症状 因鸡大肠杆菌病有不同类型，故临床症状各有差异。

①胚胎及幼雏死亡。此为蛋媒疾病。大肠菌污染蛋壳(或母鸡有大肠菌性卵巢炎和输卵管炎)或卵黄，引起胚胎死亡，或出壳雏鸡不断死亡，其中以6日内雏鸡发病最多；幼雏有脐炎(俗称大脐病)；雏鸡有的因卵黄不被吸收而最后死亡。

②呼吸道感染(气囊病)。本病主要侵害5～12周龄雏鸡，其中6～9周龄为发病的高峰。病变限于呼吸系统，气囊壁增厚，表面有干酪样

物质沉积。有的可继发心包炎和肝周炎,有的表现眼炎和输卵管炎。

③急性败血症。死亡鸡只肌肉丰满,嗉囊充实,特征病变是肝呈绿色,胸肌充血。有时肝有白色小坏死灶。本病也有心包炎、腹膜炎、眼炎症状。本病的症状与鸡霍乱有相似之处。

④肉芽肿。肉芽肿在本病是大肠菌所致的结果,以肝、肠、十二指肠及肠系膜上的肉芽肿为典型,也是本病的特征。死亡率可达70%。

(4)诊断　本病的症状类型多,一般应做细菌学及血清学诊断才能确诊。

(5)治疗　可用磺胺类、氟喹诺酮类、抗生素类药物治疗,用法同禽霍乱。细菌易产生耐药性,交替使用有效的抗生素很有必要,可减少细菌耐药性的产生,有条件做药敏试验对治疗有指导性意义。

(6)预防　预防与鸡白痢相同。

20.鸡葡萄球菌病

鸡葡萄球菌病是由葡萄球菌引起的一种传染病,其特征为急性败血症,慢性为关节炎或趾病。

(1)病因　由葡萄球菌引起。呈球状,排列似葡萄串样,故得名。该菌革兰氏染色为阳性,对干燥、某些消毒剂和抗生素有抵抗力。

(2)易感性　葡萄球菌在自然界分布广泛,所有禽类均可感染。传播途径主要是伤口感染,亦可通过呼吸道感染。本病发生较多,尤以鸡最易感,特别以小于6周龄的幼鸡极易感染,发病率为5%～10%,死亡率一般不超过10%,但少数急性的可高达60%。

(3)症状　临床表现有多种形式。

①急性败血型。病鸡精神委顿,食欲消失,体温升高,行走疼痛。下痢,胸翅及腿部有斑点出血,胸腹部、大腿、翅膀内侧、头部、下颌部和趾部可见皮肤湿润、肿胀,相应部位皮肤呈青紫色或深紫红色,皮下疏松组织较多的部位触之有波动感,皮下潴留渗出液,有时仅见翅

膀内侧、翅尖或尾部皮肤出血、糜烂和炎性坏死，局部干燥，呈红色或暗紫色，无毛，该型最严重，造成的损失最大。

②慢性关节炎型。发生于急性之后，病鸡跛足，跖关节及邻近的腱鞘肿胀、变形，跛行，不愿走动，有热痛感，行动迟缓和困难。

③趾瘤型。趾瘤见于足部，足底肿胀，跛足，多为刺伤引起。

④脐炎型。病雏腹部膨大，脐孔发炎肿胀、潮湿，局部呈黄色或紫黑色，触之质硬。患脐炎的病雏，一般在出壳的 2～5 天内死亡。

⑤眼型。眼睑肿胀，眼结膜红肿，闭眼，有脓性分泌物，病久则眼球下陷，失明。

(4)病变 急性败血症的鸡，肝脏暗黑肿大，且有许多小脓肿，其他器官出血及肿大，一侧或两侧肺脏呈黑紫色，肠内水样内容物，肿大的关节内有稠厚的黄色脓液。当有继发病时，即有相应的病变。

(5)诊断 依病史及症状和病变仅可做初诊。确诊应做细菌学检查。

(6)治疗 庆大霉素、丁胺卡那霉素、氯霉素、恩诺沙星、氧氟沙星均可作为首选药物。庆大霉素肌肉注射 3000 国际单位(IU)/只，连用 3 天。细菌易产生耐药性，在治疗前应先做药敏试验。

(7)预防 注意卫生管理和营养，清除易损伤鸡体的各种物品，防止啄伤，避免鸡只发生外伤，对鸡进行断喙、剪趾、免疫接种时要细心，做好消毒工作。用鸡葡萄球菌病多价氢氧化铝灭活苗免疫接种，也可用抗生素拌料或饮水作预防给药。

21.鸡传染性鼻炎

鸡传染性鼻炎是细菌所引起的鸡急性呼吸系统疾病。主要特征为鼻腔与鼻窦发炎，流鼻涕，脸部肿胀，打喷嚏。

(1)病因 由鸡副嗜血杆菌引起。呈多形性，为一种革兰氏阴性的小球杆菌，两极染色，不形成芽孢，无荚膜无鞭毛，不能运动。本菌的抵抗力很弱，在自然环境中数小时即死。对热及消毒药也很敏感，

在45℃时存活不超过6分钟。

(2)易感性 本病常发生于产蛋鸡群,育成期也可发生。常见于秋、冬和早春寒冷季节。鸡群饲养密度过大、鸡舍寒冷潮湿、通风不良、缺乏维生素A以及管理不当是造成本病发生和严重损失的诱因。该病在鸡群中传播速度快,3～5天即可波及全群。慢性病鸡及隐性带菌鸡是鸡群中发生本病的重要原因,其传播途径主要以飞沫及尘埃经呼吸传染,但也可通过污染的饲料和饮水经消化道传染。

(3)症状 发病后鸡食欲及饮水减少,鼻腔有分泌物,常见甩头,流泪,面部、眼睑和肉垂水肿。如炎症蔓延至下呼吸道,则呼吸困难,病鸡常摇头欲将呼吸道内的黏液排出,并有罗音。咽喉亦可积有分泌物的凝块,最后常窒息而死。产蛋母鸡发病的早期,产蛋量明显下降,鸡只死亡很少。

(4)病变 主要是上呼吸道急性卡他性炎,鼻腔和窦黏膜充血、水肿,表面覆有大量黏液,窦内有渗出物凝块,后成为干酪样坏死物,眼结膜充血肿胀,脸部及肉髯皮下水肿,严重时可见气管黏膜炎症,偶有肺炎及气囊炎。单纯的传染性鼻炎很少造成死亡,死亡多是由于大肠杆菌和慢性呼吸道病等混合感染或继发感染所致。

(5)诊断 根据病变症状可初步诊断,确诊靠凝集反应和细菌培养。鸡群死亡率高,病期延长时,要考虑有混合感染的因素,须进一步鉴别诊断。

(6)治疗 对磺胺类药物非常敏感,是治疗本病的首选药物。一般用复方新诺明或磺胺间甲氧嘧啶,能取得较明显效果;用链霉素、庆大霉素、红霉素、阿奇霉素和强力霉素等抗生素治疗均有效,具体用法见说明书。

(7)预防 预防用鸡传染性鼻炎油佐剂灭活苗,对本病流行严重地区可采用2次免疫,一般是在6周龄进行首免,开产前进行二免,14天产生免疫力,对鸡群有较好的保护作用。

22.弧菌性肝炎

弧菌性肝炎是细菌所引起的鸡的慢性传染病。主要特征为肝脏的变性和坏死,包膜下有血肿,甚至肝破裂。

(1)**病因** 由空肠弯曲菌引起。

(2)**易感性** 空肠弯曲菌是鸡、鸭、火鸡的肠道共生菌,带菌率达30%~100%;拥挤、潮湿等恶劣环境易引发此病。病鸡粪便污染饲料、饮水,造成水平传播。各日龄鸡均可发病。

(3)**症状** 3周龄内发病者表现腹泻,拉黄白色稀便,腿软无力,甚至不能站立,死亡率在20%左右。20~60日龄病鸡表现消瘦、贫血、拉稀;产蛋鸡产蛋下降,有的腹泻,冠苍白,广腹围增大,死亡率为1%~10%。

(4)**病变** 肝肿大、退色、发生实质变性而呈现星状黄色坏死,肝脏包膜有不规则出血,有的包膜下有血肿;心包积液,心肌苍白、有坏死点;脾肿大,有黄白色梗死;肠扩张积黏液和水样液;肾肿、色苍白;胆囊肿,胆汁稀;蛋鸡肝、脾肿大,有的肝破裂;卵巢变性,有的卵泡破裂,卵黄掉入腹腔,引起卵黄性腹膜炎。产蛋鸡突然死亡,往往是由于肝破裂引起,腹腔积满血水。

(5)**诊断** 可疑病例取肝、胆汁作触片,染色镜检见球形、杆状或微弯的革兰氏阴性菌;或作血琼脂CO_2培养或厌氧肉汤培养,血清学检查可用试管凝集试验、间接血凝试验进行确诊。

(6)**治疗** 采用土霉素或强力霉素,每吨饲料中添加500克,连用5天;蒽诺沙星、环丙沙星、氧氟沙星等饮水,每升水加50~100毫克,连用3~5天;罗红霉素饮水,每升水加20毫克,连饮3~4天。

(7)**预防** 加强饲养管理和卫生消毒,严格对鸡舍内外、饮水、饲料及用具等进行消毒。保持鸡舍的通风和清洁卫生,保持鸡舍内合适的温湿度、饲养密度和光照。青年鸡和成年产蛋鸡应加强粪便的清除,防止细菌滋生。

23.鸡绿脓杆菌感染

鸡绿脓杆菌感染是由细菌引起的雏鸡和青年鸡的一种传染病，其特征为局部或全身化脓性感染或败血症。

(1)病因　由假单胞菌属绿脓杆菌引起。

(2)易感性　绿脓杆菌广泛存在于自然界(动物体表、空气、粪便及土壤中)，当种蛋及孵化过程中卫生消毒不严或出壳雏鸡接种马立克氏病疫苗不消毒或消毒不严时即易发病。1～5 日龄雏鸡多发，2～3天是死亡高峰，死亡率为 30%～60%。

(3)症状　主要为精神委顿，不食，卧地站立不起；有的表现震颤，很快死亡；有的可见角膜或眼前方混浊。

(4)病变　在头颈部皮下(马立克氏病疫苗注射部位)可见有黄色水肿液；肝脏呈棕黄色，有淡色条纹；病程稍长的可见肝脏有坏死灶；有的雏鸡心包积胶冻状液，心外膜可见出血点。

(5)诊断　取可疑病例的皮下水肿液或肝脏分离细菌诊断，雏鸡1～2 天之内大批死亡应怀疑为本病。

(6)治疗　硫酸庆大那霉素、硫酸丁胺卡那霉素每只鸡每千克体重 5～10 毫克(0.5 万～1.0IU)，颈背部皮下注射，连用 2～3 天；强力霉素、恩诺沙星饮水每升水加 50～100 毫克，连用2～3天；头孢噻呋钠肌内注射，1 日龄雏鸡，每只 0.1 毫克。

(7)预防　切实做好种蛋收集、储存、入孵、孵化中期和出雏中的消毒工作，以及出雏器、雏鸡箱、注射疫苗器具的清洗和消毒。

24.鸡的坏死性肠炎

鸡的坏死性肠炎(又称肠毒血病)是由细菌引的一种急性传染病，其特征为急性死亡、排煤焦油样和灰白色稀粪，小肠中后段有一段肠管明显增粗。

(1)病因　由魏氏梭菌和两端稍钝的大肠杆菌引起，有夹膜，易形成芽孢。

(2)易感性 在自然界分布广，土壤、饲料、污水、乳汁、粪便等均可分离得到。对外界环境抵抗力极强，为伴性致病菌，健康鸡也有携带此菌者，鸡舍通风不好、潮湿或喂给发霉变质饲料均可诱发此病，通过污染的尘埃和垫料等经消化道和伤口而传染给健康鸡。死亡率一般为 5%，严重时可达 30%。1～4 月龄的蛋雏鸡、育成鸡和 3～6 周龄肉用仔鸡多发。4～9 月份发病率高。

(3)症状 突然发病，不食，趴卧，排黄绿色或暗黑色的稀便，有的可见粪便中混有血液。呈零星发病和死亡，病程 1～2 天。

(4)病变 特征性病变是小肠中后段有一段肠管明显增粗，约为正常肠管的 2～3 倍，增粗的肠段有 15～25 厘米长。肠内充满气体，肠黏膜表面附着一层很厚的灰黄色伪膜，易脱落，剥去脱落的伪膜可见肠黏膜凸凹不平，肠内容物少，呈白色、黄白色或灰白色，有的呈黑红色。盲肠内有血样或豆腐渣样物质。因肠坏死，失去固有弹性，稍用力即可使坏死肠段断裂。其他肠段有不同程度的充血或出血性炎症。

(5)诊断 取病变部肠黏膜刮取物涂片或肝脏进行触片，革兰氏染色镜检，可见有大量一致的革兰氏阳性短粗而两端钝圆的杆菌，确诊仍需进行细菌学培养和生化实验。

(6)治疗 用青霉素、阿莫西林、头孢菌素、环丙沙星、红霉素类饮水或拌料，或用 0.1%浓度甲硝唑饮水或混 0.05%浓度拌料均有较好疗效，连用 4～5 天。

(7)预防 改善鸡舍环境条件，加强饲养管理，搞好平时卫生和消毒工作。

25.鸡曲霉菌病

鸡曲霉菌病是一种由真菌引起的鸡的传染性疾病。其特征是呼吸障碍和在肺、气囊中出现干酪样斑点或结节。幼鸡中有较高的发

病率和死亡率，在成年鸡中则是发病率低的慢性疾病。

(1)病因　病原体为烟曲霉菌(有时也发现为黑曲霉、黄曲霉、白曲霉、土曲霉等)。它在自然界广泛存在，其孢子成串珠状。孢子在一般情况下有较强的抵抗力，用一般方法很难杀死孢子。故本病菌易散播。

(2)易感性　鸡最易感。孵化室、育雏室、垫料、饲料中的孢子容易被吸入呼吸道致病。

(3)症状　急性的病鸡拒食、多卧、抑郁，不久即伸颈张口，呼吸困难，气管有"咯咯"声；因氧气不足，冠和肉髯呈暗红或紫色；有的下痢，闭目昏睡，或出现麻痹、惊厥。病程 2～7 天，最后死亡。慢性的病鸡食欲消失、委顿、喘息、消瘦、发绀，以至死亡。病程稍长，死亡率较高。

(4)病变　呼吸道黏膜出现坚硬肿块病灶，尤以肺和气囊最为明显。这些病灶称之为"蚀斑"。有时在脑部(有神经症状时)、胸腔、肝、肠浆膜也可见到此病灶。

(5)诊断　此病确诊要做细菌学检查。

(6)治疗　无特异疗法，用制霉菌素有一定疗效。每 100 只雏鸡一次用 50 万 IU 制霉菌素，每日 2 次，连用 2 天，可配合用硫酸铜作饮水(3 克硫酸铜加水 10 升)，连用 3～5 天。或每升饮水加入 5～10 克碘化钾，供鸡饮用。成年鸡每只服碘化钾 4～8 毫克，每日 3 次。

(7)预防　预防本病可采取以下措施：不用霉败的垫料和饲料；对鸡舍、育雏室、孵化室应熏蒸消毒以保持环境卫生。

26.鸡念珠菌病

鸡念珠菌病(又称鹅口疮)，其特征是嗉囊、腺胃出现假膜和溃疡及泄殖腔炎。

(1)病因　由白色念珠菌引起。它是一种霉菌，自然界广泛存在。在健康人、畜、禽的口腔、上呼吸道和肠道可寄生。

(2)易感性 主要侵害幼鸡。白色念珠菌常随饲料、饮水、用具等传染。

(3)症状 无特殊症状。病鸡精神委顿,羽毛粗乱,渐瘦弱,口腔有乳白色或黄色斑点,后融合成白膜。腹泻,有白色分泌物粘尾部羽毛。

(4)病变 嗉囊、腺胃、肌胃有白色增厚区(如毛巾毯样),肌胃有糜烂,肠有轻度炎症。慢性者泄殖腔、尿道有炎症。

(5)诊断 据症状和病变可初诊,分离培养出念珠菌后可确诊。

(6)治疗 每100只雏鸡一次可用制霉菌素50万IU,每日2次,连用2天;成鸡1千克饲料加50万~100万IU,混饲连喂1~3周;每天给家禽1:(2000~3000)(3~5克硫酸铜加水10千克)的硫酸铜溶液代替饮水,连饮2~3天,假膜可撕去,涂上碘甘油或3%碘酊。

(7)预防 不用霉败的垫料和饲料。

27.鸡支原体病

鸡支原体病是鸡的一种接触性慢性呼吸道传染病。其特征为咳嗽、流鼻涕、气囊有黄色干酪样渗出物或关节感染。

(1)病因 鸡支原体病是由鸡支原体所引起的鸡的传染病。它对外界抵抗力不强,离体后迅速失去活力,在20℃的鸡粪中可存活1~3天,在卵黄中(37℃)可存活8周,在50℃环境中20分钟即死亡,能被一般消毒药迅速杀死。

(2)易感性 侵害各种年龄鸡,特别是幼鸡。通过直接接触及飞沫传染,也可经种蛋传染。滑膜炎型常发生于4~12周龄鸡。本病经过缓慢,病程1个月以上或3 ~ 4个月,发病率和死亡率均不高。

(3)症状 潜伏期5~7天。较典型的症状为鼻孔流出黏稠的浆性渗出物,喷嚏,窦炎,眼中有泡沫状渗出物,眶周窦肿胀,呼吸道发出“喀喀”声,摇头晃脑,气囊炎,气囊有黄色干酪样渗出物。滑膜炎型表现为跛行,关节肿大,步态蹒跚,胸前出现大水泡等。

(4)病变　鼻旁或颜面肿胀者，切开皮肤可见充满黏液的囊（眼下窦），接着黏液变混浊呈絮状，进而呈黄白色、干酪样团块。眼睑肿胀者，眼裂内积干酪样渗出物，眼球塌陷。气囊（特别是胸气囊及锁骨间气囊）壁厚而混浊，气囊腔中积黄色干酪样渗出物，肺门处肺组织肉样变。有的病鸡出现像大肠杆菌感染时所见的输卵管炎。有的病鸡见肝表面有一层半透明膜，并见心包炎。有的病鸡见肝肿大，散在黄色坏死斑纹。关节感染时（主要是跗关节）见关节肿，内积黄色胶冻状液或关节腱部脓肿。

(5)诊断　依临床症状可初诊，确诊则须做细菌学及血清学检查。

(6)治疗　治疗可选泰妙菌素（支原净）、泰乐菌素、链霉素、壮观霉素、强力霉素、红霉素等药物。泰妙菌素用量为每升水加125～250毫克，连饮3～5天；泰乐菌素每升水加3克，连用7天，效果甚好。

(7)预防　控制支原体病的最好方法是消灭病原体：不从有支原体病的鸡群引入种鸡和种蛋；1日龄到4周龄小鸡用泰乐菌素做预防性投药；应抽2%的后备种做血清检查，凡阳性的应改肉用上市，不做种用；入孵种蛋在入孵前应用抗生素液浸渍处理，消灭支原体。

(二)鸡的寄生虫病

1.鸡蛔虫病

鸡蛔虫寄生于鸡小肠内引起致病。本病对雏鸡危害大，引起雏鸡生长发育不良，甚至造成大批死亡。蛔虫病遍布各地，应引起重视。

(1)病原形态　鸡蛔虫是寄生在鸡体内最大的线虫。虫体淡黄色或乳白色。雄虫26～70毫米，雌虫65～110毫米。虫卵椭圆形，深灰色，长70～86微米，宽47～51微米，内含一个卵细胞。

(2)发育史　成熟的雌虫每天可排数万个卵。卵随粪排到体外，在适宜的温度、湿度下，经 8～10 天发育为感染性的虫卵。鸡因啄食了被虫卵污染的饲料、饮水而感染。鸡感染后幼虫在十二指肠内孵出，在肠腔内停留 8 天后，大部分幼虫进入肠黏膜内，1～2 周后幼虫从肠黏膜中出来，返回肠腔内继续生长发育为成虫。卵发育为成虫需 35～50 天，成虫在鸡体内可活 9～14 月。

(3)症状　小鸡表现消瘦，贫血，生长发育不良，精神萎靡，行动迟缓，羽毛松乱，翅膀下垂。普遍下痢，或下痢便秘交替，有时粪带血液。若不及时治疗，常衰竭死亡。成年鸡带虫，寄生虫数少，不表现症状，但生产能力下降，逐渐消瘦。

(4)诊断　鸡蛔虫病的确诊应进行尸体剖解或粪便检查。

(5)治疗　可用如下方法进行治疗：

①左咪唑。每千克体重用 20～25 毫克混入少量饲料内一次喂服，疗效高而安全。

②甲苯咪唑。每千克体重用 30 毫克一次喂服，每千克饲料用 125 毫克混饲，连用 3 天。

③苯硫咪唑。每千克体重用 30 毫克混入少量饲料内一次喂服。

④驱蛔灵。每千克体重用 0.2～0.3 克，拌饲料喂服或配成 1% 水溶液做饮水。

(6)预防　定期驱虫，成年鸡每年两次驱虫，一次在初冬，一次在产蛋前。雏鸡于 2～3 月龄时驱虫一次或用药物预防。

2.鸡异刺线虫病

异刺线虫分布广，成虫寄生于鸡的盲肠内，故又称盲肠虫。此病又称鸡盲肠虫病。

(1)病原形态　虫体淡黄，细线状。雄虫长 7～13 毫米，尾尖细呈刺状；雌虫长 10～15 毫米，尾部细长。虫卵椭圆形，长 50～70 微米，宽 30～40 微米，呈淡灰色或褐色，壳厚光滑，一端较明亮，内含卵细胞。

(2)发育史　成虫寄生于盲肠,产卵随粪便排到外界,在适宜的温度和湿度环境下,约经2周发育成内含幼虫的感染性虫卵。鸡啄食了这种虫卵后即被感染。有时虫卵被蚯蚓吞食,鸡吃了蚯蚓后也可感染。感染性虫卵进入鸡肠腔内1～2小时后,孵出幼虫。幼虫移行到盲肠后,附在肠黏膜上,历时24～30天发育为成虫。成虫在肠内可活1年左右。

(3)症状　病鸡肠肿大,食欲不佳,消瘦,贫血下痢,幼鸡生长发育停止,逐渐消瘦死亡。成年母鸡产蛋下降或停止产蛋。

(4)诊断　剖解鸡尸,可见盲肠发炎,黏膜肥厚,且有溃疡。肠内容物凝结,可找到虫体。

(5)防治　可参考鸡蛔虫病选用左咪唑、甲苯咪唑、苯硫咪唑、驱蛔灵等药物做治疗或预防性驱虫。

(6)预防　同鸡蛔虫病。

3.鸡华首线虫病

鸡华首线虫病由斧钩华首线虫和旋形华首线虫引起,前者寄生于鸡的肌胃,后者寄生于食道、腺胃、小肠。本病各地均有。

(1)病原形态

①斧钩华首线虫。虫体前部有4条饰带,两两并列,以不整齐的波浪状向后延伸。雄虫长9～19毫米,尾翼发达,交合刺两根,不等长,形状各异;雌虫长16～25毫米,尾尖,生殖孔开口于体中部偏后方。卵长40～45微米,宽24～27微米,寄生于鸡的肌胃。

②旋形华首线虫。体前端的4条饰带,由唇的基部开始,向后延伸,再回到虫体前方,距前方有一段距离时即终止。雄虫长7～8.3毫米,两根交合刺不等长,左侧纤细,右侧呈船形;雌虫长9～10.2毫米,阴门开口于虫体后部。卵壳厚,虫卵长33～40微米,宽18～25微米,寄生于鸡的腺胃、食道。

(2)发育史　虫卵排出后被中间宿主(为昆虫纲及等足纲的动

物)吞食,在其体内发育成感染性幼虫。鸡及禽类因摄食了中间宿主而被感染,在鸡体内发育成虫。

(3)症状 因寄生于肌胃角质层下面,故引起出血性炎症,影响肌胃功能。或腺胃黏膜上形成溃疡,严重感染时,黏膜显著增厚,软化,影响腺胃功能。病鸡表现消瘦,贫血,发育不良,精神委顿,甚至死亡。

(4)诊断 依症状不易诊断,剖解找到虫体或粪便检查发现虫卵可确诊。

(5)治疗 可参考鸡蛔虫病选用左咪唑、苯硫咪唑等药物做治疗或预防性驱虫。

4.鸡前殖吸虫病

鸡前殖吸虫病是由前殖吸虫引起,以鸡产蛋紊乱为特征的疾病。成虫寄生于鸡的输卵管和幼鸡的腔上囊(法氏囊),有时见于肠腔或蛋内。

(1)病原形态 在我国发现的前殖吸虫有卵圆前殖吸虫和楔形前殖吸虫两种。

①卵圆前殖吸虫。虫体扁平形如梨,前端狭窄后端钝圆。新鲜虫体呈鲜红色。有口吸盘和腹吸盘,盲肠两枝的分叉处在两个吸盘之间。在虫体后部有两个长椭圆形不分叶的睾丸,卵巢在腹吸盘的背侧,卵黄腺在虫体两侧。子宫则盘曲于睾丸和腹吸盘的前后。生殖孔开口于体前端口吸盘附近。虫卵长22～24微米,宽约13微米,呈椭圆形,棕褐色,卵壳很薄,一端有卵盖,另一端有小刺。

②契形前殖吸虫。同卵圆前殖吸虫,仅内部器官位置、大小稍有区别。

(2)发育史 虫卵随粪便排到外界,被中间宿主淡水螺吞食后,在螺体内孵出毛蚴,以后发育成胞蚴,形成尾蚴,尾蚴成熟后离开螺体,进入水中。遇到第二中间宿主(蜻蜓)的幼虫或称稚虫,钻入腹肌

内发育成囊蚴。当稚虫形成成虫(在蜻蜓体内)时,鸡因啄食蜻蜓而被感染。囊蚴进入鸡消化道后,囊被消化溶解,游离出的童虫经肠道向下移行到泄殖腔,而后进入腔上囊或输卵管内,经过1～2周发育为成虫。

(3)症状　第一期无明显症状。病鸡产生易碎的薄壳蛋,产蛋量减少,有时蛋壳在产前已破裂,可见有蛋黄和蛋白流出。此期约有30天左右。第二期症状明显,食欲减退,精神萎靡,消瘦,羽毛松乱脱落,腹部膨大下垂,触诊有疼痛的硬肿。产畸形蛋或流出石灰样液体。产蛋停止,活动减少,常蹲伏窝内不产蛋。步态不稳。此期可延续1～2周。第三期体温达43℃,渴欲增加,全身无力,泄殖腔突出,肛口边缘潮红,附近羽毛脱落。此期持续2～7天,重者死亡。

(4)剖解变化　输卵管发炎,黏膜充血、疏松,极度增厚。在输卵管壁上常可见虫体。

(5)诊断　依症状和剖解(发现虫体)可确诊;或检查粪便发现虫卵也可确诊。

(6)治疗　早期治疗效果尚好,后期治疗疗效不佳。

①吡喹酮。每千克体重用10～20毫克直接投服或混入少量饲料内一次喂服。

② 苯硫咪唑。每千克体重用30毫克直接投服或混入少量饲料内一次喂服。

(7)预防　本病多于5～7月份开始流行。应在流行区进行预防性驱虫。不安全区应每3个月检查一次,发现病鸡应及早隔离治疗,并对全群预防性用药。

5.鸡棘口吸虫病

鸡棘口吸虫病主要发生于江南一带,虫体寄生在鸡的盲肠、直肠。

(1)病原形态　本病的虫体有卷棘口吸虫、宫川棘口吸虫和按睾棘口吸虫 3 种。

①卷棘口吸虫。虫体为长叶状，表面有刺，淡红色。长 10.3 ～ 13.3 毫米，宽 1.19 ～ 2.09 毫米。虫体前端有口领，上有小刺。口吸盘小于腹吸盘。睾丸椭圆形，排列于虫体后半部。生殖孔开口在腹吸盘之前。卵巢近于圆形，在虫体中部。子宫充满虫卵。

②宫川棘口吸虫。形态同上，睾丸呈分叶状。

③按睾棘口吸虫。形态同上，但睾丸中部陷隘呈“红”字形。

(2)发育史 虫卵随粪排到外界，孵出毛蚴。毛蚴侵入第一中间宿主淡水螺，在其体内发育成胞蚴、雷蚴、子雷蚴和尾蚴。尾蚴离开淡水螺，游于水中而进入第二中间宿主（淡水螺），在体内形成囊蚴。禽类因食入第二中间宿主而被感染。在禽体内囊蚴的囊膜被消化，童虫于肠壁上寄生，经 16～22 天，发育为成虫，成熟后排卵。

(3)症状 病鸡食欲减退，发育受阻，贫血，消瘦，下痢，最后因衰竭和全身中毒而死亡。

(4)诊断 用鸡粪直接涂片或清洗法可在显微镜下找到虫卵，尸体剖检可见虫体附于肠黏膜上。

(5)治疗 可用如下方法进行治疗：

①吡喹酮。每千克体重用 10～20 毫克，直接投服或混入少量饲料内一次喂服。

②苯硫咪唑。每千克体重用 30 毫克，直接投服或混入少量饲料内一次喂服。

③硫双二氯酚。每千克体重用 200～300 毫克，直接投服或混入少量饲料内一次喂服。

④氯硝柳胺。每千克体重用 100～200 毫克，直接投服或混入少量饲料内一次喂服。

6.鸡绦虫病

鸡体内寄生的绦虫种类很多，主要寄生于鸡小肠中。

(1)病原形态　本病的虫体有如下 4 种：

①四角赖利绦虫。虫体扁平带状，淡黄白色，长 1～5 厘米，宽 0.1～0.4 厘米。头节有 4 个卵圆形吸盘，吸盘上有小钩，节片上的生殖孔均开口于侧。头节上还有顶突，其上有小钩。睾丸位于节片中部，卵巢在节片的后部。卵巢之后为卵黄腺。孕节内子宫崩解为许多卵袋，每卵袋内含虫卵 6～12 个。卵直径为 25～50 微米。

②棘盘赖利绦虫。形态同上，但头节上吸盘近似圆形，卵巢位于节片中央。

③有轮赖利绦虫。头节大，顶突宽大。轮上有小钩 400～500 个，吸盘上没有小钩。每个卵袋内含有一个虫卵。

④节片戴文绦虫。虫体短小，仅 4～9 个节片组成。头节近于四角形，上有顶突和吸盘，顶突和吸盘上均有小钩。睾丸分为两列位于节片后部，卵分散于孕卵节片内，卵直径为 30～40 微米。

(2)发育史　寄生于鸡小肠内的绦虫成虫，定期有孕节片脱落，随粪排出外界，孕节破裂虫卵逸出。虫卵被中间宿主吞食后，在其体内由六钩蚴发育成似囊尾蚴。鸡啄食了带有似囊尾蚴的中间宿主而被感染。幼虫从鸡的消化道逸出后，附于寄生部位发育为成虫。

四角赖利绦虫和棘盘赖利绦虫的中间宿主是蚂蚁，有轮赖利绦虫的中间宿主是金龟子、步行虫、家蝇等昆虫，节片戴文绦虫的中间宿主是蛞蝓。

(3)症状　食欲减退，渴欲增加，精神沉郁，不愿运动，两肢下垂，羽毛松乱，粪稀淡黄色或有便秘。黏膜苍白，黄疸，生长发育不良，或出现痉挛而死亡。

(4)诊断　检查鸡粪中的节片或虫卵，结合临床症状可确定。

(5)治疗　可用如下方法进行治疗：

①吡喹酮。每千克体重用 10～20 毫克，直接投服或混入少量饲料内一次喂服。

②苯硫咪唑。每千克体重用 30 毫克，直接投服或混入少量饲料

内一次喂服。

③硫双二氯酚。每千克体重用200～300毫克，拌入饲料中喂服。

④氯硝柳胺。每千克体重用100～150毫克，拌入饲料喂服，服后3～4小时排虫。

(6)预防 防止场地污染，引入鸡应检查并驱虫后方可合群。尽量使鸡不接触中间宿主。

7.鸡螨病

鸡螨病是由螨虫寄生在鸡的皮肤上、皮肤内和羽管中引起的鸡的寄生虫病。

(1)病原形态 由疥螨科膝螨属的突变膝螨和鸡膝螨引起。雌虫近圆形，足极短，雄虫卵圆形，足较长。其中突变膝螨雄虫长0.19～0.20毫米，宽0.12～0.13毫米；雌虫长0.41～0.44毫米，宽0.33～0.38毫米。鸡膝螨较小，体长0.3毫米左右。

(2)发育史 其发育分为卵、幼虫、稚虫和成虫4个时期。卵期3～7天，幼虫发育为成虫需10～14天。

(3)症状 突变膝螨寄生于鸡小腿，引起发炎。胫上先起鳞片状屑，后皮肤增生而变粗。病部有液体渗出且干涸形成白色痂皮，似涂上一层石灰，故称"石灰腿"。

鸡膝螨寄生于羽毛根部皮肤，引起皮肤发痒，发炎。病部毛脆易脱落，皮肤露出一些斑点，上覆鳞片。病鸡因痒，不断自啄羽毛，以致羽毛脱落。故此病又称"脱羽病"。

(4)治疗 可用如下方法进行治疗：

①阿维菌素按有效成分每千克体重用0.3毫克拌入饲料中喂服或每千克体重用0.2毫克，一次皮下注射。

②10%二氯苯醚菊酯用水稀释5000倍，或20%杀灭菊酯乳油用水稀释1000～2500倍，或2.5%敌杀死乳油用水稀释250～500倍，

喷雾鸡体和鸡舍，或浸浴患腿或患部涂擦均可，间隔数天再用药一次。

③对突变膝螨病治疗，可将病肢浸入温肥皂水，刷去痂皮，用10%硫黄软膏涂患部。

8.鸡虱

鸡虱是寄生于鸡体表的昆虫。

(1)病原形态　鸡虱为羽虱，体扁而宽短，或细长。头端钝圆，头宽度大于胸部。口器为咀嚼式，触角由3～5节组成，前胸可自由活动，中后胸融合为一。足粗短。跗节1～2节，末端有爪1～2个。雄虫尾端钝圆，雌虫尾端分叉。

(2)发育史　成虫交配后，经2～3天产卵。产卵时分泌一种胶状液，将卵粘于羽毛上。卵经9～20天孵出若虫，再蜕化数次为成虫。自卵到成虫约需1个月。雄虱交配后即死亡。雌虱产卵可持续2～3周，共产卵50～80粒，产完卵后也死亡。

(3)症状　因虱爬行而引起鸡发痒、啄羽，休息不好，吃食和产蛋障碍，严重的可脱毛、消瘦，生产能力明显下降，甚至继发细菌感染。

(4)治疗　可用如下方法进行治疗：

①砂浴法。在鸡运动场内建一方形浅地，每50千克细砂配5千克硫黄粉，充分混匀，铺成10～20厘米厚，让鸡自行砂浴，消除虫体。

②水药浴法。用温水配成0.7%～1.0%的氟化钠水溶液。为增强效果，也可加入0.3%的肥皂水，将鸡浸入药液中至鸡羽湿透为止，用时注意鸡头部，以防中毒。

③速灭杀丁。它的化学名称为氰戊菊酯，每升水加40～50毫克喷雾鸡体和鸡舍。

9.鸡球虫病

鸡球虫病是由艾美尔属的多种球虫寄生于鸡的肠道所引起的严

重疾病。本病死亡率高，主要侵害半月至 2 月龄小鸡。本病对养鸡业危害甚大。

(1)病原形态　寄生于鸡的球虫主要有 7 种，其中以脆弱艾美尔球虫和毒害艾美尔球虫致病力最强。前者危害雏鸡，寄生于盲肠；后者危害成鸡患肠型球虫病，寄生于小肠。

球虫卵囊为圆状或椭圆形，外层是卵囊壁。有些卵囊的一端是微孔和极帽。艾美尔属已经孢子化的卵囊，内含 4 个孢子囊，每个孢子囊内有 2 个子孢子。

(2)发育史　球虫卵囊从鸡粪中排出体外，在外界完成孢子化而成为感染性卵囊。当鸡经口感染了卵囊，子孢子在肠道内破卵囊而出，侵入上皮细胞变为裂殖体，再繁殖为裂殖子。无性繁殖进行若干世代后，出现有性生殖。大小配子开始形成，两者结合成合子。合子迅速包上一层被膜成为卵囊。卵囊从破坏了的细胞内落入肠道，随粪便排出体外。

(3)症状　本病多见于雏鸡，表现为精神不佳，羽毛松乱，头颈卷缩，闭眼呆立，减食但饮水增加，下痢，粪带血。嗉囊积液，运动失调，急剧衰竭而死。病程 2～3 周。

3 个月以上鸡多呈慢性经过，症状不明显。病鸡消瘦，足及翅发生轻瘫，间歇性下痢，死亡率不高，但严重影响生长发育。

(4)诊断　从症状可初诊，确诊应查卵囊或裂殖体。

(5)治疗　可用如下方法进行治疗：

①地克珠利。为广谱抗球虫药，性质稳定。每 1000 千克饲料加入本品 1 克混饲(按原料药计)；每升水加 0.5～1.0 毫克本品混饮，连用 3～7 天。

②托曲珠利(百球清)。每升水加 25 毫克本品混饮，连用 2～3 天。

③氨丙林。每 1000 千克饲料加入 125～250 克本品混饲，再以 1000 千克饲料加入 60 克本品饲喂 1～2 周，混饮；每升水加 60～240

毫克本品混饮，连用 3～7 天。

④莫能菌素。每 1000 千克饲料加入本品 90～110 克混饲。

⑤盐霉素。每 1000 千克饲料加入本品 60 克混饲。

⑥马杜霉素。每 1000 千克饲料加入本品 50～80 克混饲。

⑦二硝托胺(球痢灵)。每 1000 千克饲料加入本品 50 克混饲，推荐剂量不影响球虫产生免疫力。

⑧常山酮。常山酮是从植物常山中提取的生物碱，为广谱抗球虫药。每 1000 千克饲料加入本品 500 克混饲。

(6)预防 良好的卫生是防止球虫病的首要条件。由于球虫卵囊随粪排出后，须经过 1～3 天才发育为感染性卵囊，故每天清除粪便，更新垫土或垫草，可防止球虫感染。清除的粪便，必须经过发酵后，方可作肥料。病愈鸡仍然带虫，应隔离饲养。笼养或网上养殖可有效防止球虫病的发生。药物预防是很必要的，但要根据不同药物的残留情况提前停药，以防在肉中残留超标。

参考文献

[1] 杨宁. 家禽生产学(第二版)[M]. 北京:中国农业出版社，2010 年.

[2] 朱士仁. 实用养鸡技术[M]. 郑州:中原农民出版社，2004 年.

[3] 杨山. 家禽生产学(第一版)[M]. 北京:中国农业出版社，1995 年.

[4] 王生雨. 肉鸡生产新技术(第一版)[M]. 济南:山东科学技术出版社，1999 年.

[5] 中国家禽协会. 现代肉鸡饲养与经营(第一版)[M]. 南京:江苏科学技术出版社，1990 年.

[6] 杜荣. 鸡饲料配方 500 例(第一版)[M]. 北京:金盾出版社，1995 年.

[7] 管镇. 肉鸡高效饲养技术(第一版)[M]. 北京:金盾出版社，1994 年.

[8] 王宗元等. 动物矿物质营养代谢与疾病(第一版)[M]. 上海:上海科学技术出版社，1995 年.